本研究受到教育部协同创新中心、江苏省种植养殖业安全环境技术及装备工程研究中心、江苏省重点研发计划（编号：BE2018362）、江苏省高等学校优秀科技创新团队项目（苏教科〔2021〕1号）资助

城市生态适宜度研究
——基于扬州的数据

马顺圣 著

江苏大学出版社
JIANGSU UNIVERSITY PRESS

镇 江

图书在版编目（CIP）数据

城市生态适宜度研究：基于扬州的数据／马顺圣著
.—镇江：江苏大学出版社，2021.12
ISBN 978-7-5684-1757-0

Ⅰ.①城… Ⅱ.①马… Ⅲ.①城市环境—生态环境建
设—研究—扬州 Ⅳ.①X321.253.3

中国版本图书馆 CIP 数据核字（2021）第 268268 号

城市生态适宜度研究：基于扬州的数据
Chengshi Shengtai Shiyidu Yanjiu：Jiyu Yangzhou de Shuju

著　者／马顺圣
责任编辑／李菊萍
出版发行／江苏大学出版社
地　　址／江苏省镇江市梦溪园巷 30 号（邮编：212003）
电　　话／0511-84446464（传真）
网　　址／http：//press.ujs.edu.cn
排　　版／镇江文苑制版印刷有限责任公司
印　　刷／镇江文苑制版印刷有限责任公司
开　　本／718 mm×1 000 mm　1/16
印　　张／13.25
字　　数／205 千字
版　　次／2021 年 12 月第 1 版
印　　次／2021 年 12 月第 1 次印刷
书　　号／ISBN 978-7-5684-1757-0
定　　价／56.00 元

如有印装质量问题请与本社营销部联系（电话：0511-84440882）

序

近十年来，城市生态学发展成为一门重要的理工学科。通过城市生态研究，增强人们的生态保护理念，提升城市生态适宜度是当下一项很重要的工作。

2020年，习近平总书记视察扬州时说"扬州是个好地方"。一年多来，江苏省委省政府、扬州市委市政府积极开展"对标好地方，各自找差距"的实践部署，"强富美高"新扬州建设取得重大阶段性成果。2021年，扬州市第八次党代会上把扬州定位为生态宜居名城和文化旅游名城。因此，提升扬州的生态适宜度显得越来越重要。

马顺圣博士很早就开始进行城市生态比较方面的研究工作，已经形成了一套独特的城市生态比较研究方法。《城市生态适宜度研究——基于扬州的数据》是我国城市生态比较研究领域一部相当有见地的著作。该著作在分析城市发展与生态支持系统相互适宜性的基础上，构建了城市生态适宜度评价指标体系，分析了标的城市（扬州）的生态现状，提出了城市生态适宜度的模糊数学评价方法，实证分析了标的城市的生态适宜度，具有很强的针对性和实用性。本书对扬州市城市生态适宜度所做的研究准确可靠，已经成为扬州市生态环境部门的重要施政依据，为扬州市的生态指数提升研究提供了第一手资料。

马顺圣博士的这一研究方法值得在城市生态比较学中推广运用。国内其他大中城市均可运用此方法评价本地区的生态适宜度，找到主要的

约束因子并及时、准确地进行调控。

　　作为马顺圣博士的校友，我很欣喜地看到他近几年在学术上的不断精进，也为他学以致用，为扬州市的经济建设做出个人的学术贡献而高兴，并希望他能够继续钻研、不断进取、止于至善。

张洪程

2021 年 12 月于扬州

前言

　　城市作为人居环境的主要类型已获得了空前的发展，城市在促进人类社会文明进步的同时，也由于其物质能量高度聚集、人类活动密集，对生态环境造成了重大的影响，形成了一系列城市问题。

　　本书针对城市在发展过程中的"逆生态"问题，从生态的角度对城市进行评价，建立了城市生态适宜度评价指标体系，并利用模糊推理和模式识别的方法对评价指标体系进行分析，得到城市生态适宜度评价模型。首先，笔者以生态学原理和方法为基础，查阅了大量的文献和资料；然后，从生态的角度出发，对城市生态进行定性与定量分析，提出了城市生态适宜度的概念和内涵，从建成区资源消耗与支撑、建成区环境状况与污染负荷、建成区效率效益、建成区社会保障及福利安全、市域生态支撑5个方面筛选了33个指标，构建了城市生态适宜度指标体系。本书使用了模糊逻辑评价的方法对城市生态适宜度指标体系进行评价，通过对系统进行模糊化、建立模糊推理系统、制订模糊规则及进行模糊推理，最后进行解模糊化，得出城市生态适宜度的评价值。

　　通过对扬州市2010—2020年城市生态适宜度进行评价得出：2010—2020年扬州市城市生态适宜度在0.460～0.684，处在"一般"至"良好"的范围内，城市生态适宜度总体呈提升趋势。

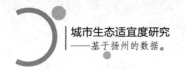
分目标层（B 层）的评价结果表明：

（1）在研究时段的初期，建成区资源消耗与支撑评价值较高，但随着时间的变化，建成区资源消耗与支撑有些波动，中间时段和最后一段（2019—2020 年）有些下降。这说明，城市的发展最初以牺牲资源为代价，但随着全社会环保意识的增强，这一状况有所改变。

（2）建成区环境状况与污染负荷评价值总体呈上升趋势，但是有些波动，这和环境污染的瞬时性有关，应注意环境保护的持续性与管理的有效性。

（3）建成区效率和效益在研究时段的初期处于"一般"的水平范围，但随着时间的变化，该指标有所改善，建成区效率和效益成为提升城市生态适宜度的增长点。

（4）在研究时段的前期，建成区社会保障及福利安全评价结果较低，但该指标评价值增长迅速，这和社会的实际情况是相符的。扬州市社会保障及福利安全指标在 2010—2020 年显著改善，成为提升城市生态适宜度的主要增长点。

（5）市域生态支撑指标评价值波动较大，总体略有上升。在研究时段的后期，市域生态不能给予城市足够的支撑，将成为城市发展的瓶颈。

通过 B 层指标和 D 层指标之间的回归分析得出：

（1）人均生活能耗指标和建成区资源消耗与支撑评价值呈负相关，与其余指标均呈正相关，若能显著改善人均园林绿地面积指标、人均占地面积指标、人均生活用水量指标、人均生活能耗指标，均会较大幅度地提高建成区资源消耗与支撑指标的评价值。其中，应优先考虑改善人均园林绿地面积指标。

（2）建成区环境状况与污染负荷评价值主要受工业废水达标排放率和噪声达标区覆盖率指标影响，若能显著改善噪声达标区覆盖率和工业废水达标排放率，会较大幅度地提高建成区环境状况与污染负荷评价值。其中，应优先考虑改善噪声达标区覆盖率指标。

（3）建成区效率和效益评价值受人均财政收入指标影响显著，若能显著改善人均财政收入指标，会较大幅度地提高建成区效率和效益指标评价值。

（4）建成区社会保障及福利安全评价值受居民人均可支配收入指标和人均城市道路面积指标影响显著，若能显著改善居民人均可支配收入指标和人均城市道路面积指标，会较大幅度地提高建成区社会保障及福利安全指标的评价值。其中，应优先考虑改善居民人均可支配收入指标。

（5）市域生态支撑评价值受全市人均自然非生物能影响显著，若能显著改善全市人均自然非生物能指标，会较大幅度地提高市域生态支撑的评价值。

本书摆脱了传统研究方法，将城市建成区作为研究对象，并且创新性地从建成区资源消耗与支撑、建成区环境状况与污染负荷、建成区效率和效益、建成区社会保障及福利安全、市域生态支撑5个方面构建了城市适宜度评价指标体系，充分体现了以城市为中心、以人为本的根本要求。同时，本书舍弃常规的层次分析法对指标权重的设定，改用模糊推理和模式识别的模糊评价方法，使结果更加符合客观实际。

开展城市生态适宜度评价研究，可以促进城市生态的良性循环，协调城市发展与生态问题之间的矛盾，为解决城市问题提供理论依据，评价结果可以作为城市调控与管理的有力依据。通过城市生态适宜度研究，不仅可以发现城市在生态环境方面现有的问题，及时进行调控，还可以预测与规划城市的发展。

目录

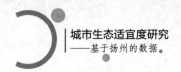

第 **1** 章 引 言

1.1 研究背景

1.1.1 城市化产生的问题

1. 城市的概念

所谓城市，是指一定区域范围内政治、经济、文化、宗教、人口等的集中之地和中心所在，是伴随人类文明的形成、发展而形成的一种有别于乡村的高级聚落。

2014 年 10 月国务院印发《关于调整城市规模划分标准的通知》（国发〔2014〕51 号），对城区人口总量进行等级划分，共分为 7 个等级。

超大城市：城区常住人口 1000 万以上；

特大城市：城区常住人口 500 万以上 1000 万以下；

Ⅰ型大城市：城区常住人口 300 万以上 500 万以下；

Ⅱ型大城市：城区常住人口 100 万以上 300 万以下；

中等城市：城区常住人口 50 万以上 100 万以下；

Ⅰ型小城市：城区常住人口 20 万以上 50 万以下；

Ⅱ型小城市：城区常住人口 5 万以上 20 万以下。

此外，划分了大镇区（常住人口 1 万以上 5 万以下）和小镇区（常住人口 3000 以上 1 万以下）。

城市的概念一般指行政建制设立的市、镇，而本研究认为"城市"不包括"行政市"概念中的以农业生产为主的农村地区，仅指人口大量集中的建成区。

2. 世界城市化进程

城市化是由以农业为主的传统乡村社会向以工业和服务业为主的现代城市社会逐渐转变的历史过程。城市化是人类社会发展的必然趋势和经济技术进步的必然产物，是一个国家走向现代化的必经阶段。

世界城市化在 19 世纪工业革命后开始兴起。1851 年，英国城市人口首次超过乡村，率先在世界上实现了城市化。随着各国工业化程度的加深，非农业经济活动的比重逐步上升，世界城市化的速度也大大加快。世界城市化的历史进程大致可分为三个阶段：第一阶段是 1760—1851 年，即世界城市化的兴起阶段。英国花了一个世纪的时间发展成为世界上第一个实现城市化的国家。第二阶段是 1851—1950 年，欧洲和北美等发达国家基本实现城市化，这些国家城市人口比重达到51.8%。第三阶段是 1950—1990 年，世界上各个国家开始向城市化迈进，世界城市人口的比重由 1950 年的 28.4% 上升到 1990 年的 50% 左右，整个世界进入基本实现城市化阶段。从世界范围看，1800 年，世界城市人口只有 3%，发展到 1900 年，也只有 14%。而经过 1900—2013 年的百年发展，世界城市人口比重达到了 55%，人类历史上第一次出现了城市人口超过农村人口的情况。1950 年，世界上 10 万人口以上的城市有 484 个，1970 年增至 844 个。100 万人口以上的大城市在 1950—1970 年间由 71 个增至 157 个，1980 年达到 234 个。2021 年版《世界城镇化展望》报告显示，世界上人口规模排名前十的城市人口合计达到2.33 亿，平均每个城市的人口规模达到 2300 万。

3. 我国城市化的特点

依据城市化与工业化发展水平判断，城市化模式大致分为同步城市化、逆城市化和滞后城市化三种类型，我国属于滞后城市化国家。

我国城市化的特点：第一，起步晚。我国城市化建设起步较晚，始于 20 世纪 20 年代。改革开放后，城市化进程进入一个新的历史时期和发展阶段，这一时期，我国开始步入城市化发展的快车道。第二，速度快。改革开放初期我国城市人口约为 1.7 亿，改革开放后，城市人口不断上升，2020 年底，我国城市人口已经达到 9.022 亿；城市的数量和规模也迅速增加，由 1949 年中华人民共和国建立初期的 132 个，发展到 2020 年的 665 个。第三，基础设施建设薄弱。城市迅速发展的过程中更注重城市面积和规模，忽视了城市基础设施建设，特别是公共设施建设，导致基础设施建设成为我国城市化进程中的薄弱环节。第四，发展不平衡。长期以来，我国一直实行城乡分治政策及其管理制度，小城镇发展水平低，不适应城市化发展客观需要，城乡发展不平衡情况严重。

4. 我国城市化进程中的生态问题

目前，困扰全世界的人口、资源、能源、粮食和环境五大问题，无一不与世界性的城市化进程中出现的逆生态化有关，城市的生态环境问题已经成为影响人类生存和发展的重大问题。

城市化带来的最大的城市生态环境问题是污染问题。空气污染、水污染、固体废弃物污染和噪声污染是城市生活污染的四种基本类型。城市空气污染源主要为工厂和火力发电厂排放的 CO_2、SO_2 等废气和粉尘，以及交通工具、家庭能源消耗产生的废气等。水污染主要是指由工业污水、生活污水、农业污水等产生的污染。固体废弃物污染主要是指垃圾堆放过程中产生的污染及处理过程中因焚烧或填埋引起的二次污染。噪

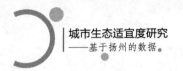

声污染主要来源于交通运输、工业生产、建筑施工、社会生活等。

城市化带来的第二大城市生态问题是人为的自然环境破坏。城市在发展过程中有时为了追求规模扩张，会对土地进行过度的开发利用，为了获得更多的生产、生活用地，不惜牺牲绿化，或者不按规划要求的指标保留和建设绿化用地，使得一些城市硬质景观和软质景观面积比例严重失调，城市环境自净能力大为降低，导致尘土飞扬、噪声倍增、疾病增加。

1.1.2 国内外生态城市发展

1. 生态城市理念的产生

随着城市化进程中一系列问题突显，人们开始反思以往的城市建设模式和理念存在的问题。20 世纪 70 年代初，生态城市理念理论体系正式提出，并逐渐发展完善。当前，人们普遍认为，建设生态城市是解决城市问题的最优途径，也是人与自然和谐相处的一种新的聚居模式。

虽然生态城市的思想起源历史悠久，但是"生态城市"这个概念真正提出是在 1971 年。联合国教科文组织在第 16 届大会上提出了"关于人类聚居地的生态综合研究"（MAB 第 11 项计划），首次谈到"生态城市"的概念，明确要从生态学的角度运用综合生态方法来研究城市，这在世界范围内推动了生态学理论的广泛应用及生态城市、生态社区、生态村落的规划建设和研究，"生态城市"概念应运而生。

1990 年，在美国加利福尼亚的伯克利召开了第一届国际生态城市研讨会，与会的 12 个国家 700 多名专家学者就如何根据生态学原则建设城市提出了一些具体的、建设性的意见。其中包括伯克利生态城计划、旧金山绿色城计划、丹麦生态村计划等，内容涉及城市、经济和自然系统的各个方面，并草拟了生态城市建设的十条计划。1992 年，在澳大利亚的生态城市阿德莱德举办了第二届国际生态城市学术研讨会，大会就生态城市设计原理、方法、技术和政策进行了深入、具体的探讨，并提供了大量研究案例。1996 年，在西非国家塞内加尔举行了第三届国际生态城市会议，会议进一步探讨了"国际生态重建计划（International Ecological Rebuilding Program）"。2010 年，在德国莱比锡召开的国际城市生态学术研讨会也将生态城市作为主要议题之一。同年，国际现代建筑学会组织通过了关于"生态城市"的宪章，提出了通过城市规划来实现城市生态系统与自然生态系统的协调。此后，探讨"生态城市"的设计原理、方法、技术、政策的书籍、会议如雨后春笋一般涌现出来，关于生态城市的研究掀起了新一轮的热潮①。

2. 生态城市建设实践与发展

现阶段，国外生态城市建设的发展特点可大致概括如下：① 制定明确的生态城市建设目标和指导原则；② 强调资源再利用、生活消耗减量和垃圾循环利用的"3R"原则；③ 促进地方社区的公众参与，提高市民的生态意识。

目前，世界上已有不少国家的生态城市建设在不同程度上取得了成功。有的以"绿色城市"为目标，大量增加绿色元素并拓宽绿色空间，如英国的密尔顿·凯恩斯新城；有的制定了生态城市标准，致力于构建新型的生态城市。美国、澳大利亚、印度、巴西、丹麦、瑞典、日本等国都针对生态城市建设计划提出了基本要求，制定了具体标准。例如，巴西的库里蒂巴和桑托斯、澳大利亚的怀阿拉和阿德莱德市、印度的班加罗尔、丹麦的哥本哈根及美国的伯克利、克利夫兰、波特兰大都市区启动了生态城市建设计划，取得了令人鼓舞的成绩和可推广的成功经验。

20 世纪 80 年代以来，我国在生态城市建设方面发展迅猛，到 20 世纪 90 年代，已经形成了一套以社会—经济—自然复合生态理论为指导

---

① 毕涛，鞠美庭，孟伟庆，等. 国内外生态城市发展进程及我国生态城市建设对策 [J]. 资源节约与环保，2008（1）：30-33.

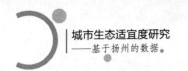
的相对完整的城市建设理论与方法体系。1986 年，我国江西省宜春市提出了建设生态城市的发展目标，并于 1988 年初开展试点工作，可以认为这是我国生态城市建设的第一次具体实践。在江西宜春市开展生态城市建设试点之后，我国在 1996 年至 2012 年期间先后分四批开设了154 个国家级生态示范区建设试点，其中生态省 2 个，生态市（地）16个，生态县（市）129 个，其他 7 个。1996 年，威海市提出了"不求规模，但求精美"的城市建设指导方针，并实践于"基础设施现代化、城市环境生态化、产业结构合理化、生活质量文明化"的生态城市建设总体思路中。21 世纪以来，上海、广州、厦门、宁波、哈尔滨、扬州、常州、成都、张家港、秦皇岛、唐山、襄樊、十堰、日照等市纷纷提出建设生态城市的理念，海南、贵州、山东、吉林、安徽等省提出了建设"生态省"的奋斗目标，并开展了广泛的国际国内合作和交流。其中，中德两国开展的"扬州生态城市规划与管理"的合作研究就是一例。建设生态城市，正逐渐成为我国城市发展的主流方向。

1.2　城市生态理论研究进展

1.2.1　城市生态学研究进展

城市生态学是以生态学的概念、理论和方法研究城市的结构、功能和动态调控的一门科学，既是生态学分支学科，又是城市科学重要分支学科。这一理论的诞生基于两方面的重要原因：一是人类生产的迅速发展和科学技术的进步，使现代生态学有了较大的发展与应用空间；二是现代城市的膨胀发展产生的许多问题需要运用生态学理论来协调和解决。

1. 城市生态学研究内容

目前，城市生态学研究内容基本可以分为两大部分：一部分是关于城市系统与自然、资源、环境之间相互作用的具体机制和过程的研究，这部分研究主要以还原论思想为指导；另一部分是关于城市系统的生态研究，这部分研究以整体论思想为指导。

针对城市发生、发展与自然、资源、环境之间相互作用的具体机制和过程的研究，主要包括以下内容：① 城市与气候关系的研究：主要探讨城市区域地表的改变对大气动力过程的影响，城市人为热量的排放对大气热力过程的影响，城市人类活动排放的废气对大气组成的影响，以及由这些因素导致的城市热岛现象、大气逆温现象、气候穹隆现象、区域温室效应、区域酸雨等。② 城市与水文关系的研究：探讨城市地表变化对城市水文的影响，以及由此引起的城市洪涝灾害变化、城市地下水时空再分布、城市河流的泥沙堆积演变等。③ 城市化的生物效应研究：探讨城市化进程中植被的变化，植物物候、遗传、生理功能的变化，植物区系的变化产生的影响，以及城市中对人有害的动物的防治等。④ 城市区域的环境容量、自净能力的研究：包括城市污染物总量控制思路与技术，城市活动如能源利用、经济生产、人口生活、土地利用等对城市环境的影响。

针对城市系统的结构、功能和调控机理的研究主要集中在以下几方面：① 城市能量流动的研究：主要分析能量流动的速率、方式、途径，以及影响能量流动的内外因素、时空变化等；② 城市物质循环的研究：主要分析城市水、食物、货币、生产生活资料等的流动模式、控制因子等；③ 城市系统调控模型的研究：主要使用城市系统仿真模型、优化模型、灵敏度模型等分析城市系统的结构、功能和调控机理。这一部分研究主要为城市的发展提供宏观的战略指导。

城市生态学的这两大部分内容相互补充、相互促进，为城市规划、建设、管理提供了不少对策性的建议，但是面对日益加快的城市化进程和日益复杂的城市环境危机，人们亟须对城市生态学研究内容与方式进行创新，以更好地促进城市与自然、资源、环境的协调发展，提高城市

居民的生活质量。

2. 城市生态学研究进展

（1）国外城市生态学研究进展

1916年和1925年，人类与城市生态学奠基人、芝加哥学派的创始人，美国学者帕克（R. E. Park）分别发表了题为《城市：有关城市环境中人类行为研究的建议》及《城市》两篇论文，开创了城市生态学研究新领域。他将生物群落的原理和观点，如竞争、共生、演替、优势度等应用于城市研究，揭开了城市生态学研究的序幕。1936年，帕克运用生命网络、自然平衡等生态学理论研究了人与环境的关系，并把其提到"居于地理学思想的核心地位"的高度。1952年，帕克出版《人类社区、城市和人类生态学》一书，书中他将城市看作一个类似植物群落的有机体，运用生物群落的观点来研究城市环境，进一步完善了城市与人类生态学研究的思想体系。随后，霍利（Hawley）于20世纪50年代发表论文《人类生态学：一种社区结构的理论》，为城市生态学的发展打下了坚实的理论基础。这些学者的研究成果为城市生态学研究奠定了基础。

20世纪70年代以后，城市生态学发展迅速。1971年，联合国教科文组织（UNESCO）制订了"人与生物圈"研究计划，把"对人类聚居地的生态环境研究"列为重点项目之一，提出用人类生态学的理论和观点研究城市环境的想法。20世纪70年代初，以《增长的极限》（Donella H. Meadows, et al. , 1972），《生存的蓝图》（Edward Goldsmith, 1974），《只有一个地球》（Bar-bara Ward, Rene Dubos, 1972）等为代表的著作，阐述了经济学家和生态学家们对世界城市化、工业化与全球环境前景的担忧，激起了人们深入研究城市生态系统的兴趣。美国、日本等国家首先开始分析城市生态区域，把城市看作一个生态系统，从社会学、生态学、环境科学等多学科开展综合研究。1977年贝利

（Berry）发表的《当代城市生态学》，系统阐述了城市生态学的起源、发展与理论基础，应用多变量统计分析方法研究城市化进程中的城市人口空间结构、动态变化及其形成机制，奠定了城市因子生态学的研究基础。20 世纪 70 年代以来的研究，极大地推动了城市生态学的发展，对于城市生态理论体系的形成至关重要。但这些研究还没有走出城市中的生态学概念框架，与一体化的城市生态系统研究还有一定的差距。

进入 20 世纪 80 年代，城市生态研究异军突起。1980 年，第二届欧洲生态学术讨论会以城市生态系统为中心议题，从理论、方法、实践、应用等方面进行探索。弗瑞斯特（Forester），维斯特（Vester）和赫斯勒（Hester）对城市生态系统发展趋势进行了研究。奥登（Odum）认为，城市生态系统和自然生态系统有相似的演替规律，都会经历发生、发展、兴盛、波动和衰亡等过程，并认为城市演替过程是能量不断聚集的过程。香港、悉尼及巴布亚新几内亚的莱城也进行过能流研究。

随着现代生态学的发展，城市研究逐渐与现代生态学结合，从而建立起生态城市的概念。国外学者分别从不同的角度研究生态城市的内涵、主要特征、指标体系、发展规划思路与方向、基本框架、具体目标及步骤等。

20 世纪 90 年代，美国国家科学基金会（NSF）资助了名为"美国长期生态研究（LTER）"的项目，主要致力于 5 个核心领域的生态系统研究，包括初级生产研究、代表营养结构的种群研究、有机质的储存和动态变化研究、营养的运输与动态变化研究及生态系统干扰研究。LTER 项目形成了一套较为完整的研究思路。它以流域为系统的边界，便于分析系统的输入与输出，借助地理信息系统（GIS）手段监测和模拟土地利用变化，并且采用了分层次的景观动态分析方法，这对于空间异质性较强的城市生态系统研究非常重要。城市生态系统中的许多生态

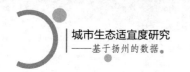
过程可能发生在不同规模的景观单元上，如一些社会过程可能发生在一个邻里的规模范围内，而其生态影响并不一定限制在同一规模的区域范围内。

LTER 不仅形成了一体化的城市生态系统的理论框架，而且在研究方法上取得了重要进展。这项研究在推动城市生态学系统研究方面是卓有成效的，对于完善城市生态学理论体系发挥了重大作用。

（2）国内城市生态学研究进展

20 世纪 60 年代，我国环境科学尚处于萌芽状态。20 世纪 70 年代初，联合国教科文组织拟订"人与生物圈计划"，我国参加了该项研究。1978 年城市生态环境问题研究正式列入我国科技长远发展计划，许多学科开始从不同领域研究城市生态环境问题，对城市生态学研究进行了理论方面的有益探索。

20 世纪 80 年代以来，我国科学工作者在城市生态研究方面提出了不少具有开创性的理论和方法。1981 年，我国著名生态环境学家马世骏教授结合中国实际情况，提出以人类与环境关系为主导的社会—经济—自然复合生态系统思想。这一思想现已渗透到各种规划和决策程序中，对于城市生态环境研究起到了极大的推动作用。王如松在城市生态学领域进一步发展了这一思想，提出城市生态系统的自然、社会、经济结构与生产、生活还原功能的结构体系，用生态系统优化原理、控制论方法和泛目标规划方法研究城市生态。城市复合生态系统的提出，标志着城市生态学理论的新突破，也是我国生态学发展史上的一次新综合，为城市生态环境问题研究奠定了理论和方法基础。但是这些研究还无法为解决中国城市生态发展中的实际问题提供足够的理论支撑。

20 世纪 80 年代中后期，我国许多学者从不同的方面先后开展了有关城市可持续发展的研究。20 世纪 90 年代，随着"生态城市"作为可持续发展的理想模式被提出，生态城市作为人类理想的聚居形式和奋斗目标，已成为我国当代城市生态环境研究新的热点，国内学者进行了许多的研究与探索。黄光宇提出建设生态城市的十条评判标准[①]；宋永昌等从城市生态系统结构、功能、协调度三个方面构建了生态城市的指标体系，提出了生态城市的评价方法[②]；张炯提出了建设生态城市的五项原则[③]；盛学良等对生态城市评价指标体系的建立进行了分析研究[④]；等等。进入 21 世纪，政府对城市生态日益重视，城市生态学理论越来越多地应用于生态城市建设规划中，且应用范围越来越广，可操作性越来越强，实施的力度越来越大。

综上所述，国内外城市生态学和生态环境研究表现出明显的多元化倾向。我国城市生态环境研究虽起步较晚，但经过一段时间的发展，把城市作为一个社会—经济—自然复合系统进行城市区域的综合性分析研究，以及对于各地区城市的可持续发展和生态城市的系统规划及生态功能的研究已蓬勃兴起，理论、方法和指标体系进一步完善。

3. 城市生态系统评价

生态评价是利用生态学原理和系统论的方法，对自然生态系统中生产和服务能力等多种重要功能进行的系统评价。城市生态评价是以城市生态系统为评价对象，以城市的结构和功能为依托，以生态学的思想为指导，对城市生态系统中各要素的相互作用及各子系统的协调度进行的综合评价。

城市生态评价是进行生态城市规划、建设和管理的基础与依据。而城市生态评价必须有一定的评价指标体系作为支撑，通过建立指标体系对城市生态化实施评价，可揭示城市生态化过程中社会、经济、人口和

---

① ALEXANDER F,PICKETT S T A. Designed experiments:New approaches to studying urban ecosystems[J]. Frontiers in Ecology and the Environment,2005(3):549-556.

② 宋永昌，戚仁海，由文辉，等. 生态城市的指标体系与评价方法 [J]. 城市环境与城市生态，1999，12（5）：16-19.

③ 张炯. 生态城市——创造自然与社会相协调的生态系统 [J]. 中国环境管理，1999（5）：10-11.

④ 盛学良，王华. 生态城市指标体系研究 [J]. 环境导报，2000（5）：5-8.

生态环境之间的关系，有助于进行国与国之间和地区间的比较，借鉴国际上生态城市建设的先进思想和理念。

国外对于城市生态评价的研究较多，如马鲁利（Marull）博士等构建了土地适宜性指标体系，提出自然环境适宜性、生物环境适宜性及功能适宜性 3 个方面的指标框架，具体落实到植被敏感性指数、基质稳固性指数、原生生境指数、生态隔离度指数等指标，并利用地理信息系统（GIS）方法来评估城市生态环境质量状况，为合理利用城市土地提供依据。皮克特（S. T. Pictett）和苏里尼（G. Zurlini）等从弹性力角度，通过生态、社会经济弹性力评估，试图架起城市生态环境质量内涵及城市弹性力与城市生态规划之间的桥梁。

目前，国内应用的城市生态评价法是基于运筹学家萨蒂（Saaty）于 20 世纪 70 年代提出的多层次分析决策法（AHP）建立的两套评价体系发展起来的。一是根据马世骏和王如松 1984 年提出的社会、经济、自然复合生态系统的理念建立的以社会、经济和自然三个子系统为一级指标的城市生态系统评价体系。该体系综合指标比较清楚地体现了城市生态系统中经济、社会和自然三者之间的关系，能够客观、科学地反映城市生态综合水平的现状。2007 年国家环境保护总局印发的《生态县、生态市、生态省建设指标（修订稿）》就建立在此体系的基础上。二是宋永昌等于 2012 年建立的三级评价体系。该体系是在对上海等五个沿海城市的有关资料进行调研的基础上所建立的一个具有四层次结构的指标体系，涉及人口指标、生态环境指标、经济指标与社会指标几个方面。该体系在评价中更关注城市的结构、功能和协调度。国内对南京、天津、大连、青岛、郑州、武汉、济南等城市的生态评价主要采用该体系。

此外，吴琼、王如松等从城市复合生态系统角度出发，提出可反映生态城市的内涵和衡量生态城市各子系统状态、动态和实力指标的体系及全排列多边形图示指标评价方法，以评价生态城市在不同城市发展时段的建设成效；黄书礼等从城市可持续发展角度出发，通过自然、农业、水资源、物资提供、城市生产、废物处理与资源再循环等子系统，提出了城市可持续发展指标体系及其评价方法，并对台北市不同城市行政区域进行了综合评估，研究了台北市城市发展可持续水平、格局，提出了解决现实问题的对策。

现已有大量研究对我国部分城市的城市生态进行了评价分析，虽然评价体系和方法各有不同，但从中仍可以看出我国城市生态评价研究的一些特点和存在的问题。

目前，我国较为常用的城市生态评价体系的建立和完善都以东中部大城市的相关研究为基础，如宋永昌体系的建立，陈雷耗散结构理论的运用等。东中部地区是我国城市化发展较快的地区，也是较早进行生态化城市建设的地区，城市化带来的生态问题较为突出。以对这些城市的相关研究为基础建立评价体系，基本上符合我国城市生态评价和生态城市建设的要求。从各种评价结果来看，我国城市生态化水平差异较大。虽然沿海经济较为发达的城市生态水平普遍较高，但也存在较大差异。宋冬梅等对我国沿海 16 个城市的研究分析表明，深圳和珠海已经达到很高的城市生态化水平，宁波、广州、上海、杭州等城市达到了较高的城市生态化水平，绍兴、青岛等达到了一般的城市生态化水平，营口生态化水平较低。从杨永春等对北京、上海、成都、西安、兰州、乌鲁木齐 6 个城市的生态状况定量分析来看，东中部城市的生态化水平明显高于西部城市。北京、上海的城市生态化水平较高，成都、西安、兰州城市生态化水平一般，乌鲁木齐城市生态化水平较低。这也说明，城市的生态化水平与城市的经济发展水平有较大的关联。但是我国的城市生态评价研究主要集中于特大城市、大城市，对于县一级的小城市的生态评价较少。近几年，我国城市化进入高速发展阶段，县级市大批成立，对县级市的生态评价研究也应该成为城市生态研究的重点。

另外，对同一城市同一时间段的评价，采取的评价体系和评价方法不同，资料来源不同，所得的结果也有较大的差异。如对兰州市，尚正

永和吴晓英都有研究，并且都采用了宋永昌体系进行生态评价，评价的基础数据来源相同。但是由于三级指标取舍有所不同，其他资料来源不同，最后得出的综合评价也不同。这说明，我国城市生态评价仍存在不完善的地方，评价过程中在数据资料的收集、指标体系的选择和权值的确定等方面存在一定的主观性。尤其是在数据资料方面，目前研究主要以各城市的统计年鉴为依据，但是在评价过程中城市统计年鉴提供的信息往往无法完全满足指标体系的要求，需要通过其他途径获得一些数据，这些数据来源的差异性较大。

总体来说，国外城市生态环境质量评价比较注重结合实际问题开展工作，从城市区域规划、生物多样性保护角度出发，提出城市生态环境质量评价指标与方法，而我国城市生态环境质量评价多围绕城市可持续性、城市生态和谐与生态安全等提出城市生态环境质量评价指标体系与评价方法。

在城市尺度上，国外学者在建立城市生态评价指标体系时，更为关注的是环境、生态和福利指标，对经济指标不是很看重。由于我国城市与国外城市所处的发展阶段不同，城市的社会、经济和环境条件等也有很大的不同，结合中国的国情，在我国的城市可持续发展指标体系中经济指标应居于重要地位，因此，不能照搬照抄国外的可持续发展指标体系。此外，国内学者的相关研究集中于北京、上海、南京等少数特大城市，而对于中小城市可持续发展指标体系的研究很少见。

1.2.2 生态适宜性研究

1. 生态位研究

生态位理论是生态学最重要的理论之一，在生态学界正受到前所未有的关注。生态位（niche）最早是由格林内尔（J. Grinnell）于1917年提出的，他把生态位定义为"恰好被一个种或一个亚种所占据的最后分布单位（ultimate distributing unit）"，人们称它为空间生态位（space niche）。1957 年，哈金森（Hutchinson）从空间、资源利用等多方面考虑，对生态位概念予以数学的抽象，提出了比较现代的生态位概念，即多维超体积（muti-dimensional hypervolume）模式。哈金森认为，生态位是每种生物对环境变量的选择范围。因为环境变量是多维的，所以人们把哈金森定义的生态位称为超体积生态位（hypervolume niche）。1977年，格拉布（Grubb）提出"生态位为植物与所处环境的总关系"；1983 年，皮安卡（E. R. Pianka）将其定义为"一个生物单位的生态位"；1986 年，科林沃克斯（Colinvaux）提出"物种生态位"的概念。

在国内，较全面地介绍生态位理论和开展生态位研究的工作始于20 世纪 80 年代。王刚（1984）定义的广义物种生态位是表征环境属性特征的向量集到表征物种属性特征的数集上的映射关系。孙鸿良（1987）把生态位概念概括为两个方面，将生态因子空间扩展到经济—生态因子空间，并提出经济生态位的思想。刘建国等（1990）进一步拓展了生态位的概念，认为生态元的生态位是在生态因子变化的范围内，能够被生态元实际和潜在占据、利用或适应的部分，而其余部分则称为生态元的非生态位。李德志等（2019）给出了生态位宽度和生态位重叠的新定义及其测度方法。20 世纪 80 年代以后，刘建国、马世骏提出了"扩展的生态位理论"。

蔡斯（Chase）等（2016）尝试将经典的生态位理论与当代的各种生态位研究方法进行新的整合，推动了生态位理论的进一步发展和完善。西尔维顿（Silvertown，2017）认为，生态位优先占据及种间竞争效应，可以对海洋岛屿的地域性植物经常表现出的单一起源现象的成因做出最为中肯的解释。蒂尔曼（Tilman，2017）在经典竞争理论的基础上，提出了随机的生态位理论。与传统生态位理论不同的是，该理论强调定居的随机性，以及补充限制过程与多样性生物限制之间的相互作用，更好地解释了生物入侵和群落集结格局的形成机制。

近年来，生态位理论已被经济学、社会学、城市规划学等学科借

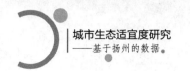

用，其理论含义正在不断地拓展。在社会—经济—自然复合生态系统中，生态位的多维控制因子又增加了社会因素与经济因素。在复合生态系统中，生态位不仅仅适用于自然子系统中的生物，同样适用于社会、经济子系统中的功能和结构单元。如今，生态位理论已经在工业、农业、生态规划、建筑设计、经济、教育、政治等多个领域得到了广泛的应用。随着人们对生态位内涵认识的不断深入，生态位理论将更多地应用到各个学科领域中。

尽管生态位理论至今仍瑕瑜互见，但如果生态位理论被生态学家所摒弃，诸多困扰生态学家的问题就难以得到更为圆满的解释。基于生态位理论的现实发展状况，这一理论还有待继续深入研究，以促使其更为成熟和完善。

2. 生态适宜性研究

生态适宜性理论从生态位理论延伸而来。生态位理论现已在生物种的适合度测定、优势度分析、种间竞争与共存、群落结构与多样性维持等研究中得到广泛应用，它在现代生态学中占据愈来愈重要的地位，其定量研究方法也随之发展，而生态位适宜性则是其理论深化和方法改进的成果。

生态适宜性理论属于现代生态学的核心内容之一，自从格林内尔（J. Grinnell, 1917）提出这一重要概念以来，经过众多生态学家（Elton, 1927；Hutchinson, 1957；MaeAnhur, 2011）的研究和发展，该理论已在生物种对环境条件的适合度测定、种间竞争、群落结构、种群多样性保护、种群生存力分析及资源利用等方面得到了广泛应用。我国不少学者采用生态适宜性理论开展了作物的适宜度研究（李自珍，1996；林红，2011；王刚，1984；Li Zhizhen, 2010；Min-Woongsohn, 2014）和其他研究（王刚，2011）。

生态适宜性研究最早从研究植物特殊的生态环境适应性要求出发，

逐步扩展到对城市、环境、资源等方面的研究。对植物生态适宜度的研究是比较透彻的，研究城市生态适宜度，就应该先从植物生态适宜度这一最基础的研究入手，逐步深入地研究城市生态适宜度。

作物从种子萌发（或地下茎萌芽）到产品收获的整个生长发育时期，受到诸多因子的共同影响，在长期的生物环境协同进化过程中形成了特殊的生态环境适应性要求，这就是作物的生态适应性。由于不同的地域具有不同的生态环境，因此实际生产过程中就存在作物生态因子需求与该地域生态环境之间相互协调的问题，这就是作物—地理生态适宜性。作物是一个生态经济概念，是生物的自然属性和生产的经济属性的统一。作物是否适合在某一地域种植，不仅要考虑其正常生长的可能，而且要考虑种植业生产对资源利用的整体性要求和效率（效益）最大化目标。因此，每一种作物都有自己的生态适宜种植区，这是作物分布的基本依据之一。大多数作物都是在一定的种植制度或熟制框架中实现种植生产的。

3. 城市生态适宜度研究进展

城市生态适宜度在生态系统适宜度提出之后随即得到发展。随着区域资源衰竭、环境污染、水土流失等问题的加剧，通过生态适宜性分析，寻求与自然资源潜力相适应的资源开发方式和社会经济发展途径越来越受到人们的重视。麦克哈格（McHarg）通过其杰出的工作，让生态适宜度分析在土地利用、流域开发、城市与区域发展等领域得到广泛的应用，并逐步发展成为以生态因素叠合为特征的生态适宜度分析方法。

土地规划过程中常用到生态适宜度分析，即在生态调研的基础上，为寻求可行的土地利用最佳方案，在规划区内就土地利用方式对生态要素的影响程度（生态要素对给定的土地利用方式的适宜状况、程度）进行评价。该评价结果已成为城市环境功能分区、土地和旅游资源规划

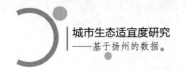

与管理的重要依据之一。生态适宜性分析是生态规划的核心，其目的是应用生态学、经济学、地理学及其他相关学科的原理和方法，根据研究区域的自然资源与环境特点，以及发展和资源利用要求，划分资源与环境的适宜性等级。

随着城市生态适宜度研究的不断深入，城市生态适宜度研究对象不断扩大，研究目标由单目标逐步扩展到多目标，研究领域也涉及区域自然、社会、经济等多个方面。

梁保平认为，城市生态适宜度是城市发展与城市生态环境协调发展关系的度量，反映城市生态系统满足城市人口生存和发展需要的潜在能力和现实水平。城市生态适宜度指标体系构建的过程中依据城市经济位、生活位和环境位的发展状况选择指标。蔺雪芹以天津市滨海新区临海新城为例进行城市系统优化研究，认为生态适宜度是指某一生态环境中的生态要素为某类社会经济活动提供发展空间的大小及对其正向演替的适宜程度。通过生态适宜性分析，可保证城市生态系统的健康发展。何绘宇、夏斌认为，珠江三角洲城市生态适宜度评价是以珠江三角洲生态城市建设为目标，根据有关的指标体系，采取科学的方法和手段对城市生态系统的结构、功能与协调度进行评价的过程，在评价结果的基础上进行分析，可为改善珠江三角洲城市生态适宜度提供决策依据。

多年来，众多环境科学工作者在各自的研究领域内对城市生态适宜性的评价进行了大量的研究，取得了一些有价值的科研成果。但是作为生态规划基础依据和核心的城市生态适宜性分析，由于涉及地域的复杂性和因素的多样性，至今尚未形成公认的理论体系和方法体系，许多分析方法和评价体系仍处于探索和发展之中，尤其是以定量的方法来分析和评价城市生态适宜度的研究较少报道。传统的评价方法由于过于简单，在一定程度上已不能客观、全面地反映实际情况。因为生态系统、环境系统和社会系统等都是高度复杂的系统，具有很强的非线性和时变性，所以它们往往不能通过数学解析的方法加以研究，而是需要采用非传统的方法进行研究。目前，常采用的生态适宜性评价方法有模糊综合评判法、神经网络法等。

随着智能化技术的不断发展与完善，评价方法也由传统的、简单的数值方法向智能化方向发展。

第 2 章　研究内容与方法

2.1　研究内容

本书针对城市发展过程中出现的逆生态问题，从生态的角度对城市进行评价，建立了城市生态适宜度指标体系，并利用模糊推理和模式识别的方法对指标体系进行评价和分析，得出了城市生态适宜度评价模型；以扬州市为典型城市，研究了 2010—2020 年该城市的生态适宜度情况，并针对存在的问题，提出了相应的对策。本书主要研究内容如下：

（1）城市发展与支撑起发展的背景生态系统之间的关系研究

通过典型案例分析，讨论人为要素高度积聚的城市与生态系统的关系，城市发展进程中相对的逆生态过程，城市发展对背景生态系统的依赖性，城市发展生态适宜性的基本内涵及意义，城市发展与背景生态系统重要支撑要素的辩证关系等，为进行典型城市发展的生态适宜性研究确定基本的框架。

（2）城市发展生态适宜度评价指标体系的构建

根据对城市发展与生态系统支撑关系的分析和城市生态适宜性的基本概念，进行城市生态适宜度分析评价指标体系和方法的构建研究。首先分析确定指标选择的原则，然后开展具体指标的筛选工作，继而根据不同指标的性质并参考生物生态适宜性研究中生物对生态因子存在生存条件下限、生存条件上限和生存条件最适范围"三基点"的原理，研究确定城市发展生态适宜性具体指标值的无量纲化处理方法，以科学表达城市发展要求与背景生态系统支撑能力之间相互适应、协调的关系，并提出城市生态适宜度综合评价指标值的计算方法。

（3）模糊数学在城市生态适宜度评价指标体系中的应用

通过模糊数学的方法对城市生态适宜度进行综合评价，可以获得生态适宜度评价结果。首先确定城市生态适宜度评价指标体系各指标之间的内部关系，从而制定出模糊评价规则，然后通过对数据的模糊运算和解模糊运算，获得城市生态适宜度评价值。采用模糊推理与模式识别的方法对城市生态适宜度进行模糊评价，根据评价结果比较各个区域发展的总体可持续性，以及这种可持续性内在的相互作用和约束机制，可为区域更好地发展提供决策参考。

（4）典型城市（扬州市）生态适宜性特点分析

运用筛选出来的城市生态适宜度分析评价指标，对 2010—2020 年扬州市生态适宜性状况进行细致深入的分析，包括各指标状况的表现、变化特点及扬州市城市发展在生态适宜性方面存在的主要问题，为扬州市合理开展城市建设和推进城市发展提供科学依据。

（5）扬州市城市生态适宜度综合评价分析

以生态适宜度具体评价指标为基础，运用模糊推理和模式识别技术，进行城市发展生态适宜性综合值的计算，并运用相关回归分析方法确定影响城市总体生态适宜性的主要因素。

（6）扬州生态城市建设发展对策建议

根据扬州市城市生态适宜度评价具体指标和综合评价分析结果，为进一步推进扬州生态城市建设，实现人与自然和谐发展提出对策建议。

2.2 研究目的与意义

2.2.1 研究目的

本书运用城市生态适宜度评价方法，从一个城市（主体）与其所处资源环境（客体）之间关系的新角度，分析城市发展与自然生态环境协调的状况，探索城市生态适宜度分析评价的实用性方法，对典型城市生态建设现状做出评估，并提出进一步改进的对策或建议。

2.2.2 研究意义

城市生态系统是一个复合人工生态系统，其功能与结构演变趋于多样化和复杂化，只要某一环节发生问题，就会破坏整个城市的生态平衡，造成严重的环境问题。通过建立城市生态适宜度评价指标体系，评价城市生态系统及系统内部各方面的生态适宜性，可为系统调控提供依据。

研究城市生态适宜度不仅具有生态学意义，还具有社会经济学意义。城市生态适宜是区域社会经济发展良好的重要体现，只有保证城市生态系统的适宜性，才能促进城市的协调发展。因此，城市生态适宜度不仅影响城市居民生活的适宜程度，也影响城市的竞争力和生态可持续能力。

2.3 研究方法

本书主要采用指标体系构建与模糊逻辑运算相结合的研究方法。

1. 城市生态适宜度指标体系框架的制定

本书首先对城市生态适宜度的概念和内涵进行理论探讨，调查国内外相关文献资料，采用顶层设计的方法对城市生态适宜度进行框架构建，然后根据指标筛选原则对初步选定的指标进行选择和确定，并最终构建指标体系。

2. 模糊数学评价方法

模糊数学评价法是一种基于模糊数学的综合评价方法。该综合评价法根据模糊数学的隶属度理论把定性评价转化为定量评价，对受到多种因素制约的事物或对象做出相对客观的、正确的、符合实际的评价，进而解决具有模糊性的实际问题。它具有结果清晰、系统性强的特点，能较好地解决模糊的、难以量化的问题，适合各种非确定性问题的解决。

本书用模糊数学的方法对城市生态适宜度进行综合评价，根据评价结果比较城市发展的总体可持续性，以及这种可持续性内在的相互作用和约束机制，为城市更好地发展提供决策参考。

2.4　技术路线

研究技术路线具体包括前期准备工作（城市生态适宜度概念研究）、建立合理的城市生态适宜度指标体系、扬州市城市生态环境现状及趋势分析、模糊数学评价、扬州市城市生态适宜度分析和扬州市城市生态建设策略分析，如图 2-1 所示。

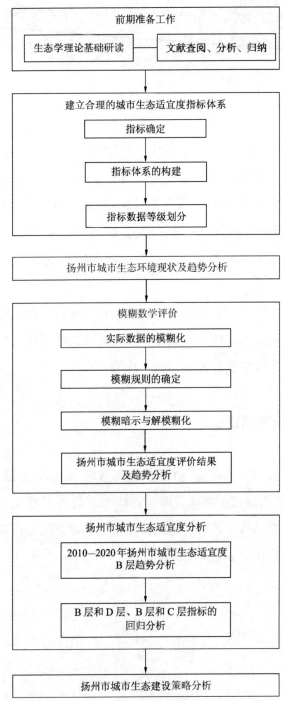

图 2-1 研究技术路线

第 **3** 章　研究区域概况[*]

本研究以江苏省扬州市建成区为主要研究对象，以市域为资源支撑，研究时间范围为 2010—2020 年。

3.1　扬州市基本概况

扬州，地处江苏中部，长江北岸、江淮平原南端。现辖区域在东经 119°01′至 119°54′、北纬 32°15′至 33°25′之间。南部濒临长江，北与淮安、盐城接壤，东和盐城、泰州毗连，西与南京、淮安及安徽省天长市交界。

扬州市全市总面积 6591.23 km²，其中市区面积 2305.68 km²（2021 年建成区面积 452 km²）。扬州市现辖邗江、广陵、江都 3 个区，高邮、仪征 2 个县级市和宝应县。2020 年，扬州市共有 62 个镇（社区）、3 个乡和 18 个街道办事处（另有 2 个扬州市人民政府设立并直管的街道办事处）。

扬州市境内地形西高东低，仪征境内丘陵山区为最高，从西向东呈扇形逐渐倾斜，高邮市、宝应县与泰州兴化市交界一带最低，为浅水湖荡地区。扬州市 3 个区和仪征市的北部为丘陵。京杭运河以东、通扬运

---

　*　本部分经济概况、社会概况、生态环境概况数据来源于《2020 年扬州市国民经济和社会发展统计公报》《扬州统计年鉴（2021）》，资源概况引自第三次全国土地调查资料（未公开）。

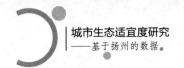

河以北为里下河地区，沿江和沿湖一带为平原。境内主要湖泊有白马湖、宝应湖、高邮湖、邵伯湖等。除长江和京杭大运河以外，主要河流还有东西向的宝射河、大潼河、北澄子河、通扬运河和新通扬运河。

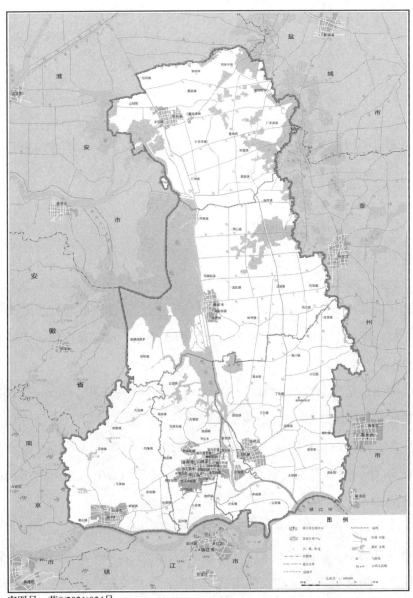

审图号：苏S(2021)024号

图 3-1　扬州市地图

扬州生态市建设工作起步较早、起点较高、进展较快。2000 年，扬州市与中国科学院生态环境中心合作编制《扬州生态市建设规划》，并于 2003 年 8 月召开生态市建设规划论证会。经专家论证，《扬州生态市建设规划》率先通过国家评审，成为全国生态城市建设的范本。2002 年，中德两国以"扬州生态城市规划与管理"为题，启动扬州生态城市建设合作项目。2004 年扬州仅获得"全国最佳人居环境奖"，2006 年又获得"联合国人居奖"。近年来，扬州所属县市已全部建成国家级"生态示范区"。扬州市的城市生态环境建设开展得较早，并且已取得一定的成效，因此选择扬州市作为城市生态适宜度研究的对象具有一定的典型性。

3.2 扬州市经济概况

2020 年，扬州市地区生产总值（GDP）突破 6000 亿元，同比增长 3.5%。其中，第一产业增加值增长 2.9%；第二产业增加值增长 3.6%；第三产业增加值增长 3.5%。全市工业经济回升向好，规模以上工业企业增加值同比增长 6.3%，高于全省平均水平增幅 0.2%。投资降幅持续收窄，全年实现固定资产投资同比下降 1.5%；消费市场呈现持续回暖态势，全社会消费品零售总额达 1379.29 亿元，同比下降 3.1%。此外，服务业逐步改善，财税金融基本稳定，居民人均收入保持平稳增长，从而推动全市经济稳定向好，人均 GDP 超过 13 万元。

2020 年，全市农林牧渔业（含农林牧渔服务业）现价总产值为 541.93 亿元，实现农林牧渔业（含农林牧渔服务业）现价增加值 325.90 亿元，同比增长 2.8%。全年粮食总产 286.65 万吨，同比增长 0.4%。生猪存栏 72.85 万头，完成目标任务的 112.1%。蔬菜总产 228.99 万吨，同比增长 2.3%。水产品总产量 39.9 万吨，同比增长 0.83%。农村居民可支配收入 24813 元，比上年增加 1480 元，同比增

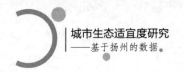

长 6.3%。

2020 年，全市规模以上工业企业营业收入增长 2.9%，利润增长 15.7%。规模以上工业企业营业收入利润率、成本费用利润率分别为 4.6% 和 5.0%。全社会用电量 264.66 亿千瓦时，增长 2.0%。建筑业实现总产值 4516.04 亿元，增长 6.8%。

服务业质态进一步优化。第三产业实现增加值 2954.88 亿元，增长 3.5%，第三产业增加值占地区生产总值的比重比上年提高 0.9%。全市社会消费品零售总额 1379.29 亿元，同比下降 3.1%。全年接待境内外游客 3840.95 万人次，实现旅游业总收入 610.33 亿元。

全市一般公共预算收入 337.27 亿元，增长 2.6%。全年固定资产投资同比下降 1.5%，其中第一产业投资增长 125.8，第二产业投资下降 31.4%，第三产业投资增长 28.4%。

3.3　扬州市社会概况

2020 年底，扬州市户籍总人口为 454.71 万人，比上年下降 0.53%。其中，男性 226.29 万人，占总人数的 49.77%；女性 228.42 万人，占总人数的 50.23%。全市人口密度为 690 人/km^2。

2020 年在岗职工年均工资收入 24286 元，增长 16.5%；市区城镇居民人均可支配收入 15057 元/年，增长 16.32%。农民人均纯收入 6586 元/年。全市恩格尔系数为 42%，人均住房面积 16.8 m^2。农村人均住房面积达 37.9 m^2。

社会保险覆盖面进一步扩大，全市城镇职工基本养老、基本医疗、失业保险覆盖率分别达 95%，97% 和 97%，城镇居民基本医疗保险参保率 96%。离退休人员养老保险金社会化发放率 100%。

各项社会事业持续发展。区域教育现代化建设加强，为义务教育阶段学生免除学杂费、免费提供教科书。高中阶段教育毛入学率达 100%。

公共卫生服务工作得到加强，全市新型农村合作医疗覆盖率达 95%，城乡社区卫生机构覆盖率分别达 90% 和 50%。

3.4　扬州市生态环境概况

2020 年，扬州环境空气良好天数达标率 90.2%，比上年增长 1%；集中饮用水源水质达标率 99.9%；水域功能区水质达标率 82.2%，比上一年提高 11.1%；环境噪声达标区覆盖率 77.8%，比上一年提高了 4.3%。社会环境质量指数 87.8 分，比 2019 年提升 5.1 分。市区酸雨发生频率 31.0%，降水 pH 均值 5.14，酸雨频率和降水 pH 均值较上一年分别下降 16% 和 0.21%。全市化学需氧量、二氧化硫排放量分别下降 3.8% 和 3.2%。

扬州境内主要湖泊有白马湖、宝应湖、高邮湖、邵伯湖等。除长江和京杭大运河以外，主要河流还有古运河、仪扬河、宝射河、大潼河、北澄子河、通扬运河、新通扬运河等。全市主要河流与月塘水库的水质监测显示，大部分地表水水质都优于Ⅳ类，少部分劣于Ⅴ类。在各条河流中，水质有机污染指标 DO、COD_{Mn}、BOD_5 等超标率较高，挥发酚污染较为严重。

扬州市年产生固体废弃物 137.23 万 t，其中，一般固体废弃物 121.75 万 t，危险废弃物 2.08 万 t。年处置固体废弃物量 10.92 万 t，其中危险废弃物 0.09 万 t，一般固体废弃物 10.83 万 t。年综合利用固体废弃物 88.85 万 t，其中一般固体废弃物 82.48 万 t，危险废弃物 1.94 万 t。

近几年来，扬州市对城市出入口和城区几十条道路实施了绿地改造和重新建设，每年新增绿化面积 100 万 m^2 以上，6 年新增城市绿地 1000 多万平方米。2020 年，扬州建成区绿化覆盖率达 43.16%，绿地率达 37.5%，人均园林绿地面积达 24.6 m^2。

"十四五"期间，扬州市完成基础设施投入 1200 亿元，年均 250 亿

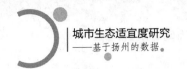
元左右。其中环保投入占 GDP 的 2.5%。

3.5　扬州市资源概况

扬州市属亚热带季风湿润气候区，四季分明，光、热、水三要素配合较为协调，是江苏省气候生产力较高的区域。全市地跨长江和淮河两大水系，降水及外来水资源丰富，基本能满足工农业生产需要。

1. 土地资源

第三次全国土地调查显示，扬州市域面积 6591.23 km^2，其中农用地面积 3305.04 km^2，建设用地面积 1289.00 km^2，其他用地面积 1997.19 km^2，分别占市域空间的 50%，20%，30%。农用地中，耕地面积 2793.99 km^2，占比为 42.39%；园地面积 41.33 km^2，占比为 0.63%；林地面积 326.03 km^2，占比为 4.95%；草地面积 28.41 km^2，占比 0.43%；农业设施建设用地面积 115.28 km^2，占比 1.75%。建设用地中，城镇建设用地 554.50 km^2，占比 8.41%；村庄面积 494.45 km^2，占比 7.5%；区域基础设施用地面积 220.20 km^2，占比 3.34%；其他建设用地 19.85 km^2，占比 0.3%。其他用地中，湿地面积 31.73 km^2，占比 0.48%；陆地水域 1953.56 km^2，占比 29.64%；其他土地 12.23 km^2，占比 0.19%。[①]

2. 水资源

扬州地处江淮两大水系下游，长江流域面积 1766 km^2，淮河流域面积 4872 km^2。境内河湖众多，水网密布，京杭大运河和淮河入江水道纵贯南北。境内主要湖泊有宝应湖、高邮湖、邵伯湖、白马湖。全市水域

---

① 以上资料中所提占比，均为各种土地面积占扬州市域面积的比例。

面积约占 30.51%。

降雨量：扬州市多年平均降雨量在 1000 mm 左右，但年际变化大，最大年降雨量 1930.6 mm，最小年降雨量 424.1 mm。降雨量年内分布不均，60% 集中在汛期 6—9 月份。

水资源总量：水资源总量指当地降水形成的地表、地下产水量，不包括外来水量。扬州市多年平均水资源总量为 21.9 亿 m^3，其中地表水资源量 11.7 亿 m^3，地下水资源量 10.2 亿 m^3。

可利用水资源量：可利用水资源量为水资源总量（含外来水量）中通过水工程调节，可加以利用的水量。流经扬州市的长江、淮河年径流量很大，但由于工程限制和水量相对集中，大多直接排至下游，地下水中也有很大部分难以利用。扬州市可利用水资源量：平水年为 57.8 亿 m^3，中等干旱年为 51.3 亿 m^3，特殊干旱年为 50.5 亿 m^3。

3. 生物资源

扬州市境内生物资源十分丰富，现有植物约 564 种，其中林类 173 种，草类约 277 种，藻类约 114 种，各种野生动物、水生动物较多；江都禄洋湖自然保护区内鸟类有 70 多种，其中属于国家级珍贵鸟类的有 10 多种，受中日候鸟保护协定保护的鸟类有 30 多种。

全市渔业资源相当丰富，内河有鱼类 60 多种，高宝邵伯湖内有鱼类 64 种，长江干流中共有鱼类 89 种，主要有鲤、鲢、青、鲟、鳊、白等淡水鱼类，有鲻、鲈等咸淡水鱼类，有刀、鲥、鳗、凤尾等江海洄游性鱼类及白虾、江蟹等水产品。

第 4 章　城市发展与生态支持系统相互适宜性分析

4.1　城市发展的逆生态化趋势

4.1.1　城市产生与生态隔离

城市是指一定区域范围内政治、经济、文化、宗教、人口等的集中之地和中心所在，是伴随着人类文明的形成、发展而形成、发展的一种有别于乡村的高级聚落。城市是一种高度人工化、诸多社会经济要素高度集聚的空间区域，是更大区域范围内社会经济系统的重心和中心。城市还具备行政管辖功能，其行政管辖功能可能涉及更广泛的区域，包括主城区（建成区）、郊区甚至所辖的县级行政区域。

城市建成区简称"建成区"，是指城市行政区内实际已集中连片开发建设，市政公用设施和公共设施基本完备，具备了城市居住条件的区域。建成区是城市产业和人居基本功能最主要的承载空间和实际的核心区域，是各种城市特征（包括问题）的集中体现区域，它反映了一定时间阶段城市建设用地规模、形态和实际使用情况。

城市的产生和发展是人类社会组织形态文明进步的成果和标志。从历史上看，城市的发展有因"城"而"市"和因"市"而"城"两种类型。所谓因"城"而"市"，就是先有城（聚居区）后有市（交易活动），由于在人类聚居区域内进行交换和交流更加方便且更有需要，因此逐步在城的基础上发展出市，从而形成城市。所谓因"市"而"城"，是指由于市场的发展而引起人群的大规模聚居，为了交换和交往的便捷和规范，逐步形成具有一定行为规范和公共管理制度的城市。可见，早期城市的本质就是人类的交易中心和聚集中心，并逐步发展为产业中心、行政中心、文化中心。

城市的发展过程同时也是居民与自然生态系统不自觉的分割过程。早期的城市主要具有聚居和御敌两大功能：聚居就是共同生活，需要进行公共基础设施建设；御敌就是防御外来者入侵，需要修筑城池。所以，《吴越春秋》中曾有"筑城以卫君，造郭以守民"之说。相对于分散居住的农村和小规模聚居的村落而言，城市形成后就表现出越来越强烈的与自然生态系统隔离的倾向，城市的结构和功能也表现出与农村和自然生态系统的明显区别。城市发展到一定规模后，绝大多数居民将不再直接从事维系自身存活的农业生产，改由通过市场交换或其他途径保障自身的食物能需要。为了加强防御，城市从一开始就依托自然隔离体来保护自身的安全，比如河道、山体、其他天堑，进而人为构筑各种隔离工程设施和管制措施如护城河、城墙等以实现自我保护，这在一定程度上让城市成为与自然界分离的"另类"系统。发展到现代的大城市，由于人为要素的极大聚集、加工和服务等产业的高度发展及城市空间规模的极度扩大，城市与人们赖以存活的自然生态系统之间形成了更加严峻的隔离态势。从表 4-1 的分析中可以看出，随着城市的发展和规模的扩大，居民与自然界的生态距离越来越远，接触或融合到自然生态系统中的难度越来越大。

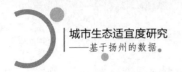
表 4-1　不同城市发展水平条件下居民与自然生态系统的关系

城市发展水平	取食、取水距离与途径	排泄物垃圾回归	生态亲近关系
散居	身边直接获取	身边直接回归	全接触、全融入
村落	就近直接获取	就近直接回归	全接触、基本融入
小城市（人口<50万）	几公里内，通过简单交易和输水管道获取	集中处理回归	稍有缺失，较易接触与融入
中等城市（人口在50万~100万）	数十公里内，需要组织运销系统和水源管网系统	集中安全处理回归	明显缺失，不方便接触与融入
大型城市（人口在100万~500万）	数十公里内，必须组织复杂的运销系统和水源管网系统	强大安全处理管理系统回归	很缺失，接触困难、难以融入
特大城市（人口在500万~1000万）	上百公里内，必须组织很复杂的运销系统和水源管网系统	强大安全处理管理系统回归	很缺失，接触困难、难以融入
超大城市（人口>1000万）	数百公里内，必须构建高度组织化的产供销系统和水源管网复杂巨系统	超强安全处理管理系统回归	十分缺失，需花巨资解决缺失问题，基本无法融入

4.1.2　城市发展与逆生态化

　　我国著名生态学家王如松教授在阐述对城市化负面效应的认识时，提出了"逆生态效应"的观点。他认为：城市化在吞噬区域土地和农田的同时，将生态景观变成机械景观，硬化的地表把活水变为死水；现代城市人膨胀的欲望，拉大了人与自然的距离。李文管认为，传统工业支撑的现代技术在其内在逻辑上具有逆生态或反生态性。从人类社会与自然生态系统的关系的角度看，在城市发展的过程中各种人为要素的高度集聚，各种市政工程建设、管理制度措施等实际上都导致甚至加深了人与自然的对立关系，人们通过各种工程和技术使得日常生活少受或不受自然界的种种"干扰和威胁"，促使人类与自然分离和对立。

　　在城市内，人口急剧膨胀，人类对城市群落内部生物和生物、生物和环境关系的结构控制作用不断增强，借助智慧和科技力量成为凌驾于群落内所有生物和环境要素之上的霸主种群，变成群落内大家庭中的"孤家寡人"，背离了自然生态系统中物种间平等的基本"游戏规则"。

在城市内，人类改造环境的愿望和能力远远超出了自然生态系统中各种平等同类（生物种），也远远超越了曾经培育出人类文明的农业社会发展阶段。钢筋水泥"森林"代替了自然界充满生命活力的林木和植被，土地被大规模硬化，自然的水分循环被强制性中断和打乱，河道湖泊变瘦、变小、变臭，区域内原有生物的栖息地受到严重干扰甚至被毁坏，城市变成了在物种和环境要素的结构、布局、物质循环、能量转化、生物多样性、生态平衡等方面与当地原生自然生态系统几乎完全不同的人控生态系统。当地自然生态系统的发展演变规则和方向被强行改变。

在城市内，超密集的人口和人类对自然生态系统的各种高强度干扰活动，远远超出了城市群落—环境系统（区域生态系统）的承载能力，从而迫使人们开展各种更加远离自然生态系统的工程建设和管理活动。比如，全封闭（或近似于全封闭）的超大型建筑群和内部人造的生命保障系统随处可见。自然生态系统固有的生命支撑能力被淡化、忽视，"大规模城市建设—问题出现—更大规模建设—更大问题出现"的恶性循环不断被复制，城市出现了无数先人无法想象和理解的生态环境问题。

在城市内，人类与自然的关系已从相互适应、协同进化，转变为以单向改造和双向对立为主的局面。自然生态系统中的一场小火灾或一场大雨，在城市内都可能引发重大的次生灾难，产生这一问题的最重要的原因就是城市缺乏物质流通道、逃避途径和躲避空间。这是城市发展导致人与自然严重对立的后果之一。

城市的发展使得需要"生活更美好"的城市居民，更加远离自然和自然生态系统。生活在大型、特大型、超大都市的居民必须花费不菲

才能获得一会儿的宝贵时光，真正融入大自然，真正享受自然的美好。距离和代价的增加都表明，城市居民与自然生态系统的关系在疏远。

在城市化过程中，人们看到了资源集约化利用，看到了眼前经济效益的最大化，各种主观愿望得到了满足。但是，在很多情况下，人们忽视了最基本的食物链和金字塔规则，忽视了最基本的生态平衡原理，忽视了最基本的事实——生态承载力的客观存在。

人类由大自然所抚育，城市由人类创建并发展。但是城市的发展却让人们逐步地远离了自己的身生母亲，这就是城市发展中的逆生态现象，到目前为止，逆生态化仍然是伴随城市发展的基本和主流的趋势特点。

4.1.3　城市逆生态化产生的主要问题

与现代技术的两重性类似，城市发展到当前状态的突出结果之一就是"人类文明迅速上升的进化反过来破坏了自己赖以存在和进化的两个基础——自然环境和生物生态系统"。城市越是快速发展，城市的逆生态化趋势就越明显，产生的危害也就越加频繁和强烈。从生态角度看，城市发展中的逆生态化导致的生态问题主要有以下几个方面。

1. 城市的高强度建设打乱了原有生态环境格局，导致生物多样性急剧下降

与原生态系统相比，城市的快速发展使得建成区内原有植被大量消失、水面减少、河道变窄、河岸地表变硬，生态系统的自我平衡调节功能被削弱。

2. 人口的高密度聚集导致生活空间狭窄，人居环境变差

由于人口密度高，在市区生活的人们深受喧闹和拥挤的困扰，人与人之间的安全距离消失，进而导致精神紧张及生理、心理方面的创伤。

在城市里，难以找到宁静和隐秘空间，公共整体人居环境变差。

3. 环境要素结构的不适当重组导致自然（人为）灾害危害加重

为了便于集中生产和生活，城区的地形地貌往往被改变，原有河道被整修变窄，土质地表被大规模硬质化，原本具有保障生命安全作用的缓冲水体、空地等常常被开发利用，其数量和功能遭到削减，导致水灾、火灾、地震、干旱等灾害加重，损失增大。

4. 物质循环受阻，各种环境污染加重

城市生产生活产生的污染物排放集中，却疏散不畅、消解乏力，原有生态系统中顺畅的物质循环途径和平衡关系被干扰甚至破坏，城区水环境质量、大气环境质量普遍恶化，城市热岛、尘道、毒源效应频现。

5. 基本资源供给不足，生态系统更加脆弱

城市内人口多、资源消耗量大，土地、清洁水源、能源、食物供给量很可能不足，流动性资源需要大量从区域外调入，储、运、分配（售）渠道容易受到各种干扰。水、电、热、气、道路、管网等城市生命支持系统技术结构单一、控制机制单一，缺乏抗冲击能力，导致以人为中心的城市生态系统更加脆弱，有时甚至不堪一击。一些地区发生的由于水源地污染导致城市自来水供应中断的重大事件就是有力的佐证。

6. 城市中人们享受生态服务的成本增加

城区规模不断扩大，人与乡野自然生态系统的距离增加，人们享受生态服务的成本不断提高，一些城市居民的生活环境质量下降。城市中较贫困的人群往往更难得到享受大自然的机会。

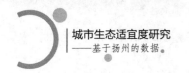

4.2 城市发展与生态支持系统

4.2.1 城市系统的生态特性

城市是一类高度特异化的生态系统，人是其中的核心和关键物种。城市系统的生态特性有以下一些表现。

1. 城市具有一般生态系统的基本结构和功能特征

城市的创建者和享受者——人，本身就是一种生物，是自然生态系统中的一员。比如，城市人口需要食物链和营养级的支撑，与处于同一空间的其他生物种之间具有无法切断的联系，城市系统内生物（含人类）之间、生物与环境要素之间具有普遍的相互作用。城市系统的生态结构决定其生态功能（如承载力），城市需要依靠生态平衡机制获得城市存在和发展的基本保障，因此，物质循环和能量平衡是城市可持续发展的基本条件，任何违背生态规律的行为都会受到自然的惩罚。

2. 城市生态系统营养级呈现倒金字塔结构

在城市内，人处于生态系统物质能量流的顶端位置。但是，流过该营养级（人）的物质和能量流往往超过本区域低营养级的物能流通量。所以，支撑城市生存与发展的人均生态足迹是农村系统的十倍甚至几十倍。或者说，城市（人口、产业高度集聚区域）生态系统是不具有自养性的。从城市以外的环境输入巨大的能量是城市及城市生态系统存在的必要条件。

3. 城市自然生态因子受到极大的干扰甚至破坏

城市内的土壤结构和土表状态的极大改变，严重影响了原有生态系统中基于土壤的水、热平衡状态；城市密集的建筑极大地改变了地貌，严重影响了气流运动；城市植被的生物结构、空间布局，乃至正常生长经常受到城市建设的严重人为干扰甚至破坏。这些对城市生态健康产生了严重的不良影响。

4. 需要强大的技术和工程设施支撑城市系统生态稳定

由于城市发展中存在不可避免的逆生态化过程，为维系城市的倒金字塔营养结构，解决城市生物和环境多样性方面的矛盾带来的系统安全性问题，必须依靠大规模的城市建设工程和不断创新的科学技术成果的应用来弥补系统生态学结构和功能上的缺陷，因此城市生态系统是一种高度人工控制的生态系统。

5. 城市的规模、功能、发展要与当地的生态环境条件相适应

土地、地形、气候、水源、生物、环境容量等以区域空间为载体的要素是制约城市发展的基础性生态环境条件。没有足够的土地难以建成巨大的城市，没有充足的水源难以保障城市大规模人口的基本生存，没有充分的环境容量难以消纳城市排放的各种污染物质，没有良好的气候条件难以给人们提供安逸的生活，没有综合生态环境要素的良好配合，就会大大增加城市建设发展的成本和难度。

6. 城市结构和组织管理可以提升城市发展对生态环境的适应能力

城市的产业结构对资源消耗有直接的、巨大的影响，低水耗产业比重的提高可以在一定程度上缓解水资源量不足的矛盾，建设高层建筑可以在一定程度上缓解城市发展与土地资源不足的矛盾，良好的公用基础设施系统和城市管理系统可以提高城市生态系统的稳定性和对抗自然灾害的能力。城市发展前景既受到当地自然生态环境条件的制约，也受到城市自身组织管理和科学技术水平的影响。

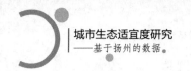

4.2.2 建成区是城市的核心和主体

城市是一个具有高度组织性、以人的发展为目标的社会、经济、生态综合系统。就单个城市而言，基本存在形成、发展、演进、衰落的类生命过程。人类活动高度集中的城市，大多具有明确的边界和比较相似的结构。在实际生活中，城市往往具有两重含义：其一是以人口、产业等集聚区域为特征的社会经济功能单元，人为要素是其结构的主要部分，并在功能上占主导地位；其二是国家行政管理的级别单元，通过政府机构对该行政区域内的各种自然和社会要素进行管理和配置是其主要功能。

从城市的社会经济功能单元角度看，建成区是城市系统的内核，时刻处于生长与发展之中，城市的本质功能和特征大多在建成区得到体现。在一个城市的行政区域范围内，人口密度和经济密度往往是建成区大于市区，市区大于市域（表4-2）。随着城市化的继续推进，我国城市中建成区的功能和作用还将继续增强。一般来说，现代城市的各种逆生态化问题在建成区表现得更加集中和突出。

表4-2 市域、市区和建成区在城市中的地位（以常住人口为基数）

城市	人口密度/（人·km^{-2}）			经济密度/（万元 GDP·km^{-2}）			人均 GDP/万元		
	市域	市区	建成区	市域	市区	建成区	市域	市区	建成区
南京	1153	1146	12549	3956	4819	61192	3.431	4.205	4.876
无锡	1276	1470	11009	6591	11051	73985	5.165	7.517	6.720
徐州	772	1590	—	1168	2594	—	1.513	1.632	—
常州	1005	1207	5471	4715	7928	20703	4.692	6.571	3.784
苏州	1075	1369	8905	8047	10998	37153	7.486	8.037	4.172
南通	893	3127	5454	2915	18370	28364	3.264	5.874	5.201

续表

城市	人口密度/ （人·km⁻²）			经济密度/ （万元 GDP·km⁻²）			人均 GDP/ 万元		
	市域	市区	建成区	市域	市区	建成区	市域	市区	建成区
连云港	594	700	—	748	1032	—	1.259	1.475	—
淮安	479	849	8062	729	1200	14400	1.522	1.415	1.786
盐城	443	910	—	867	1715	—	1.956	1.886	—
扬州	674	1165	4049	1905	4221	11550	2.826	3.623	2.852
镇江	790	1031	4286	3178	4455	15364	4.022	4.319	3.585
泰州	800	1261	—	2161	2891	—	2.701	2.293	—
宿迁	555	750	—	703	840	—	1.267	1.120	—

资料来源：由扬州市自然资源和规划局提供资料整理而来。

　　城市建成区是一个高度人工化的生态系统结构和功能单元，更是一个与自然生态系统有重大差异，具有相对独立性的社会经济功能单位。在一个城市的市域范围内（特别是我国地级市建制条件下），建成区有更加完善的社会组织管理系统，有更加活跃的市场经济活动和各种文化活动，这些既是城市的社会经济内涵，也在一定程度上影响甚至控制着城市的发展方向和进程。建成区有一整套几乎独立于自然生态系统的城市服务和工程系统，在城区生态支撑能力严重不足的条件下，担负着部分生态调节功能。所以，建成区实际上是一个相对独立的生命系统单元（图 4-1），也是一个十分脆弱的生态系统，除了依靠内部合理的结构和运转机制保障自身的生存和发展以外，必须时时刻刻依靠与城区外的背景生态系统的生态交流和平衡调节来保证自己的稳定和发展。

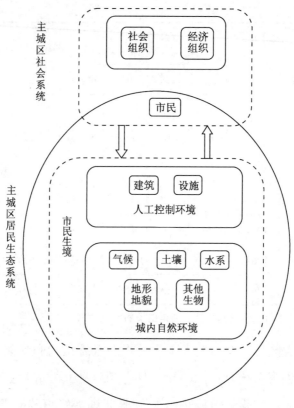

图 4-1　城市"社会—经济—生态"复合系统

4.2.3　城市发展与生态支持系统

在我国，地级市是一个行政单位，它不仅包括人口、经济高度集中的中心区（城区），而且往往包含城区或市区以外更广大范围内的农村区域，许多大中城市还包含若干个县级行政单元。城市的发展战略研究，不仅要考虑城市自身的建设，还要考虑其周边背景生态系统的支撑能力。比如，城市的空间扩张需要大量适用的土地，城市居民生产生活需要大量清洁的水源，城市日常代谢产物（废弃物）需要被及时消纳，城市地下水需要及时补充，保障城市居民舒适的生活需要良好的气候条件，保证居民的食物营养和社会的稳定需要有足量的耕地和一定的农业劳动力，保障居民的身心健康需要提供更为便捷的接触大自然的机会，等等（图 4-2）。

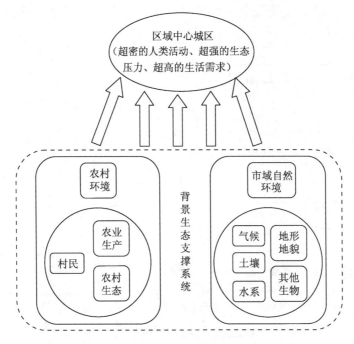

图 4-2　中心城区需要足够强大的背景生态支撑系统

4.3　城市发展的生态适宜性

4.3.1　城市发展对背景生态系统的要求

由于城市发展到一定程度后，人口聚集区域（主城区）的生态已经严重超负荷（食物短缺、水源不足、环境污染），因此，为了维系城市系统的常规运行和继续发展，必须依赖周边区域尚未城市化空间内自然资源环境（即生态系统）的支持，以弥补城市巨大的生态赤字。所以，世界上大多数城市都需要在靠近河流、湖泊、能源产地，地势比较平坦、生物质产能比较丰富的区域建立和发展。城市的周边必须有深广的腹地，能够为居民生活和城市发展提供土地、食物、水、能源等基础生活、生产资源。随着城市的扩大和逆生态趋势的增

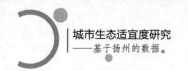
强，城市生存发展所依赖的生态支撑空间不断扩张（图 4-3）。古代的许多战争实质上就是城市（国家）之间暴力争夺所需的生态支撑空间的一种形式。

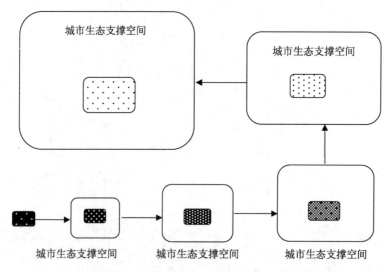

图 4-3　城市生态支撑空间随城市的扩大而扩大

随着城市的发展，其对外部生态支撑系统的各项需求越来越高。这些需求主要包括：① 基础资源总量，如土地、水、能源、粮食；② 基础资源供给强度，如可利用土地增量，日均水源供给量、蔬菜供应量，燃油、燃气、电能日均供应量；③ 基础资源供给稳定性，如雨雪灾害天气及冰冻、雷电等气候灾害的频度和危害程度；④ 资源增量潜力，如可开发资源、可替代资源量及开发可能性；⑤ 环境容量，如水体、大气对各种污染物环境容量的余量；⑥ 环境自净能力，如水体生态系统的自净能力，农田生态系统的净化能力；⑦ 生态环境弹性，如受到突发事件（干旱、雨涝、病虫等）干扰后自然生态系统功能的恢复能力；等等。一个具有强大可持续发展能力的城市应当拥有深广的支撑腹地，拥有充足的、可支配的、能够满足城市进一步发展提升需要的基础性资源和环境容量等要素。

4.3.2　城市发展的生态适宜度评价

与所有具有主观发展要求，又受到客观环境条件限制的事物一样，城市的发展［集中表现为主城区（建成区）的发展］也会受到外部（非城市内部管理系统能主导）环境条件的影响。对于城市来说，如果有良好的外部环境条件，就比较容易迅速、平稳地发展，居民就能从城市的发展中获得最大的收益。影响城市发展的外部环境条件因素很多，且一些因素与城市发展的关系非常复杂。比如，城市发展需要充足的水源，但是降水过多、过境径流量过大，可能引起洪涝灾害，反而不利于城市的发展；矿产资源丰富虽然有利于城市相关产业的发展，但是可能会导致城市环境治理代价过大，甚至导致产业畸形发展；奇山异水、原始森林适合进行旅游开发，但是很可能由于地形复杂大大增加城市建设成本。例如，江西的井冈山市政府原驻地茨坪，由于群山怀抱，地域狭小，对外联络的通道不通畅，城市没有发展的空间，因此于 2018 年由茨坪迁往厦坪。

城市内部的结构和人均占有资源量也有一个适度的要求。城区人口密度高，虽然可以节省宝贵的土地资源，但也使得城市发展缺少空间，进而导致城市居民的生活质量下降；反之，如果城市人口密度太低，则土地利用不经济，且城市的空间聚集功能不能很好地发挥。因此，城市人口密度不宜过高，也不能太低。

鉴于此，本书参照生态学研究中生物生态适宜性分析的思路，考察分析城市发展与外围生态环境条件的综合关系。生物生态适宜性分析中，将生物视为一种有自身目标和要求的主体，将综合的生态环境分解为对生物生长发育有重要意义的若干因素，以能否满足生物正常生长需求为基准对各生态环境要素状况进行等级评判。生物对于大多数生态因子，不仅有一个大致最适的范围，而且往往存在可忍耐的上限或下限值，最适范围和上下限阈值构成对生物与环境之间关系评价的基准

系统。

在生态学研究中，人们把生物实际生长区域（生境）中所能提供的各种生态因子与生物自身生长发育的最适要求之间的吻合程度，称为生物在该区域的生态适宜度（生态适宜性）。本研究中，把背景生态支撑系统对城市核心区（城区）正常运转和健康发展所需最佳环境要素需求的满足程度，称为该城市发展的生态适宜度。

城市生态适宜度评价既考虑了城市核心区本身的结构功能特点，也考虑了城市进一步发展对生态环境及社会、经济环境条件的要求，可从生态角度为评判一个城市发展的可持续性提供综合信息。

对于北京、上海、广州、南京等区域特大城市，其影响力和生态社会支撑系统范围远远大于其行政管理的市域范围，因此本书提出的城市生态适宜度分析更加适合于对大中城市进行分析研究。对于大多数中等城市来说，背景生态系统所能提供的生态环境要素与建成区发展的需要相互间较为吻合，是城市核心区稳定发展的必要外部条件。

第 **5** 章　城市生态适宜度评价指标体系的建立和城市生态现状分析

5.1　城市生态适宜度评价指标体系的建立

5.1.1　城市生态适宜度评价指标体系制定原则

根据城市生态适宜度的内涵和评价的目的，城市生态适宜度评价指标体系的建立应遵循以下原则：准确性原则、客观性原则、完整性原则和可操作性原则。

（1）准确性原则：城市生态适宜度评价指标要能够体现城市生态适宜度的基本内涵，各指标之间无线性关系，且各指标定义明确，不会产生歧义。

（2）客观性原则：所选择的评价指标能够客观、真实地反映城市生态适宜度的特征；所选择的评价指标客观性强，其概念和内涵不随人的主观意志而发生改变。

（3）完整性原则：在城市生态适宜度评价指标体系建立过程中，应确定相应的评价层次，形成一个完整的评价系统。城市生态系统是十分复杂的，各因子之间既相互独立，又相互制约，建立的评价指标体系

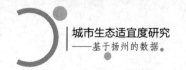

应尽可能完整，不遗漏重要因素。

（4）可操作性原则：城市生态适宜度评价指标体系中各指标要尽可能简化，避免重复；指标应可规范、易获取、便分析、可操作性强。

5.1.2 城市生态适宜度评价指标的筛选

1. 原始指标和变量的收集

以城市生态适宜度的基本内涵为基础，首先对国内外同类研究成果进行调研，调研对象包括城市可持续发展指标体系（图 5-1）[1]、国家生态市建设指标体系（图 5-2）[2]、生态城市评价指标体系（图 5-3）[3]、环境友好型城市建设环境指标体系（图 5-4）[4] 等，以及国家级、省级、市（地级市）级的相关指标和变量。本书参考相关评价指标体系，根据评价指标选择的原则，有选择性地收集了 62 个初级指标和变量，建立的初选指标汇总表如表 5-1 所示。

① 梁保松，张荣，王建平，等. 城市可持续发展评价模型研究及实证分析 [J]. 郑州大学学报（理学版），2005（1）：104-108.
② 管相荣. 基于 GeoCA-Urban 的古城市土地利用时空演化研究——以开封市为例 [D]. 开封：河南大学，2005.
③ 宋永昌，戚仁海，由文辉，等. 生态城市的指标体系与评价方法 [J]. 城市环境与城市生态，1999，12（5）：16-20.
④ 张新端. 环境友好型城市建设环境指标体系研究 [D]. 重庆：重庆大学，2007.

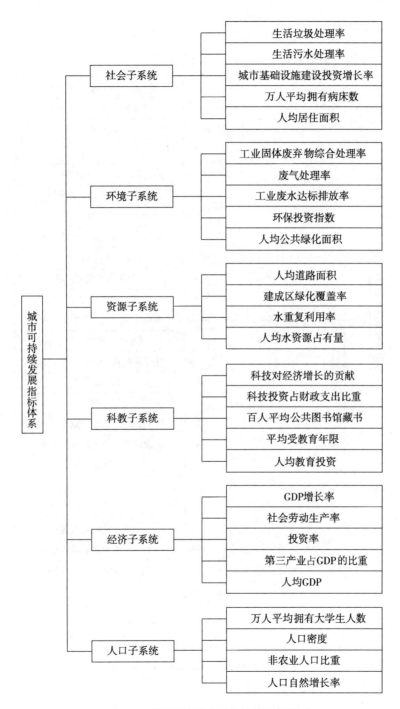

图 5-1 城市可持续发展指标体系框图

图 5-2 国家生态市建设指标体系框图

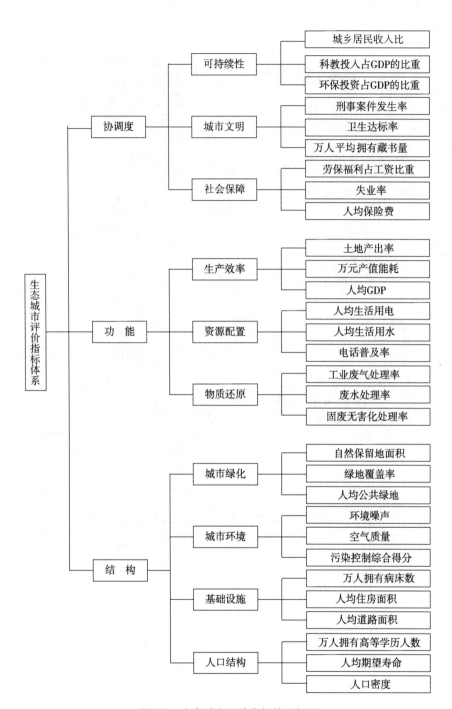

图 5-3　生态城市评价指标体系框图

图 5-4 环境友好型城市建设环境指标体系框图

表 5-1　初选指标汇总表

类别	指标
资源	① 人均占地面积、人均耕地面积（全市）、受保护地区占国土面积比例； ② 人均生活用水量、水面面积比例、万元 GDP 新鲜水耗、工业用水重复利用率、农业灌溉水有效利用系数、人均水资源量（全市）、人均后备饮用水水源量（全市）； ③ 万元 GDP 能耗、人均生活能耗、全市人均初级生物能（植物性）、全市人均自然非生物能（风能、水能、太阳能等）、清洁能源及可再生能源利用率； ④ 森林覆盖率、人均公共绿地面积、人均园林绿地面积； ⑤ 生物多样性、水土流失治理率、破坏湿地恢复率、物种保护指数、生物农药利用率
环境	① 水环境质量指数（建成区）、水环境质量指数（全市）、工业废水达标排放率、集中式饮用水源水质达标率、城市生活污水集中处理率、万元 GDP 的 COD 排放量； ② 空气环境质量指数、空气质量良好天数达标率、万元 GDP 的 SO_2 排放量； ③ 工业固废综合利用率、城市生活垃圾无害化处理率； ④ 噪声达标区覆盖率
经济	① 人均 GDP、地均 GDP、GDP 增长水平、科教投入占 GDP 的比重、绿色 GDP 占 GDP 的比重、环境保护投资占 GDP 的比重、第三产业占 GDP 的比重； ② 人均财政收入、农民年人均纯收入、城市居民年人均可支配收入、城乡居民人均收入比
社会	① 人口密度、人口自然增长率、建成区人口比例、城市化水平； ② 基尼系数、恩格尔系数； ③ 人均住房面积、万人平均拥有病床数、万人平均拥有医生数、万人平均拥有公交车辆数； ④ 人均避难场所用地、社会保障指数、就业指数、教育指数； ⑤ 公众参与水平、公众对环境的满意率

2. 原始指标和变量的筛选

根据城市生态适宜度评价的理论和本课题研究的指导思想，对上述指标进行初步筛选。筛选的具体原则和依据如下：

（1）指标功能明确：指标适合本研究的内涵，涉及城市生态适宜度某一方面的内容。

（2）指标定义准确：指标内涵准确，不会因人为因素产生误解。

（3）数据可得性较好：数据比较容易获得，并且可操作性强。

（4）指标具可比性：指标被广泛认可或者应用，获得的数据具有一定的可对比性。

（5）指标具有不重复性：指标含义相近者取其中之一。

根据以上 5 条原则，首先对初选指标是否符合要求进行汇总，结果如表 5-2 所示。

表 5-2　初选指标筛选

指标	功能明确	定义准确	数据可得性较好	具可比性	不重复性
人均占地面积	√	√	√	√	√
人均耕地面积（全市）	√	√	√	√	√
受保护地区占国土面积比例	×	×	×	×	√
人均生活用水量	√	√	√	√	√
水面面积比例	√	√	√	×	√
万元 GDP 新鲜水耗	√	√	√	√	√
工业用水重复利用率	×	√	×	√	√
农业灌溉水有效利用系数	×	√	√	√	√
人均水资源量（全市）	√	√	√	√	√
人均后备饮用水水源量（全市）	√	√	√	×	√
万元 GDP 能耗	√	√	√	√	√
人均生活能耗	√	√	√	√	√
人均初级生物能（全市）	√	√	√	×	√
人均自然非生物能（全市）	√	√	√	×	×
清洁能源及可再生能源利用率	√	√	×	√	√
森林覆盖率	√	√	×	√	×

续表

指标	功能明确	定义准确	数据可得性较好	具可比性	不重复性
人均公共绿地面积	√	×	×	×	×
人均园林绿地面积	√	√	√	√	×
生物多样性	×	√	×	×	√
水土流失治理率	×	√	×	×	√
破坏湿地恢复率	×	√	×	×	√
物种保护指数	×	√	×	×	√
生物农药利用率	×	√	×	×	√
水环境质量指数（建成区）	√	√	√	√	√
水环境质量指数（全市）	√	√	√	√	√
工业废水达标排放率	√	√	√	√	√
集中式饮用水源水质达标率	√	√	√	√	√
城市生活污水集中处理率	√	√	√	√	√
万元 GDP 的 COD 排放量	√	√	√	√	√
空气环境质量指数	√	×	√	×	×
空气质量良好天数达标率	√	√	√	√	×
万元 GDP 的 SO_2 排放量	√	√	√	√	√
工业固废综合利用率	√	√	√	√	√
城市生活垃圾无害化处理率	√	√	√	√	√
噪声达标区覆盖率	√	√	√	√	√
人均 GDP	√	√	√	√	√
地均 GDP	√	√	√	√	√
GDP 增长水平	×	√	√	×	√
科教投入占 GDP 的比重	×	√	√	×	√

续表

指标	功能明确	定义准确	数据可得性较好	具可比性	不重复性
绿色 GDP 占 GDP 的比重	√	√	×	×	×
环境保护投资占 GDP 的比重	√	√	√	√	×
第三产业占 GDP 的比重	×	√	√	√	√
人均财政收入	√	√	√	√	√
农民年人均纯收入	×	√	√	√	√
城市居民年人均可支配收入	√	√	√	√	√
城乡居民人均收入比	√	√	√	√	√
人口密度	√	√	√	√	√
人口自然增长率	×	√	√	√	√
建成区人口比例	√	√	√	√	√
城市化水平	√	√	√	√	√
基尼系数	×	√	×	√	√
恩格尔系数	×	√	×	√	√
人均住房面积	√	√	√	√	√
万人平均拥有病床数	√	√	√	√	×
万人平均拥有医生数	√	√	√	√	×
万人平均拥有公交车辆数	√	√	√	×	×
人均避难场所用地	√	√	×	×	×
社会保障指数	√	×	×	×	×
就业指数	×	×	×	×	√
教育指数	×	×	×	×	√
公众参与水平	√	×	×	×	√
公众对环境的满意率	√	√	×		√

然后请专家、政府相关部门人员、社会团体对二级筛选后的指标进行论证，使之更符合指标选取的原则，最终确定本套指标体系的指标数为 33 个。

最终确立的 33 个指标基本符合功能明确、适合研究对象的特点、数据可得性较好、条款精简等原则。

5.1.3 城市生态适宜度评价指标体系的构架设计

本书根据城市生态适宜度的概念，把城市生态适宜度评价指标分为建成区资源消耗与支撑、建成区环境状况与污染负荷、建成区效率和效益、建成区社会保障及福利安全、市域生态支撑 5 个部分。本指标体系按照顶层设计的指导思想，由上层到下层对指标进行框架的构建，共由 4 层（目标层、分目标层、准则层和指标层）指标组成，如表 5-3 所示。

表 5-3　城市生态适宜度评价指标体系

目标层（A 层）	分目标层（B 层）	准则层（C 层）	指标层（D 层）
城市生态适宜度（A）	建成区资源消耗与支撑（B_1）	土地资源支撑（C_1）	人均占地面积（D_1）
		水资源消耗（C_2）	水面面积比例（D_2）
			人均生活用水量（D_3）
		能源消耗（C_3）	人均生活能耗（D_4）
		绿地支撑（C_4）	人均园林绿地面积（D_5）
	建成区环境状况与污染负荷（B_2）	水环境（C_5）	建成区水环境质量指数（D_6）
			工业废水达标排放率（D_7）
			城市生活污水集中处理率（D_8）
			万元 GDP 的 COD 排放量（D_9）
		空气环境（C_6）	空气质量良好天数达标率（D_{10}）
			万元 GDP 的 SO_2 排放量（D_{11}）
		固废处理（C_7）	工业固废综合利用率（D_{12}）
			城市生活垃圾无害化处理率（D_{13}）
		声环境（C_8）	噪声达标区覆盖率（D_{14}）

目标层 （A 层）	分目标层 （B 层）	准则层（C 层）	指标层（D 层）
城市生态 适宜度 （A）	建成区效 率和效益 （B₃）	经济效益（C₉）	人均 GDP（D₁₅）
			人均财政收入（D₁₆）
		资源利用效率（C₁₀）	地均 GDP（D₁₇）
			万元 GDP 新鲜水耗（D₁₈）
			万元 GDP 能耗（D₁₉）
	建成区社 会保障及 福利安全 （B₄）	居民生活水平（C₁₁）	居民人均可支配收入（D₂₀）
			城乡居民人均收入比（D₂₁）
			人均住房面积（D₂₂）
		社会福利安全（C₁₂）	环保投资占 GDP 的比重（D₂₃）
			万人平均拥有病床数（D₂₄）
			人均城市道路面积（D₂₅）
			全市人均后备饮用水资源量 （D₂₆）
			人均避难场所用地（D₂₇）
	市域生态 支撑（B₅）	人力资源（C₁₃）	建成区人口占全市总人口比例 （D₂₈）
		土地资源（C₁₄）	全市人均耕地面积（D₂₉）
		水资源（C₁₅）	全市人均水资源量（D₃₀）
		能源（C₁₆）	全市人均初级生物能（D₃₁）
			全市人均自然非生物能（D₃₂）
		环境容量（C₁₇）	全市水环境质量指数（D₃₃）

注：主城区指扬州市建成区范围，全市指整个市域范围。

5.2 扬州市城市生态适宜度评价基础指标状况分析

5.2.1 数据来源

本研究数据来源主要有以下 3 种方式：统计年鉴、环境质量报告和调查及计算。各指标的数据来源具体如表 5-4 所示。

表 5-4 数据来源

数据来源	指标
《扬州统计年鉴》 （2010—2021）	人均生活能耗、人均园林绿地面积、工业废水达标排放率、城市生活污水集中处理率、万元 GDP 的 COD 排放量、工业固废综合利用率、城市生活垃圾无害化处理率、人均财政收入、万元 GDP 新鲜水耗、万元 GDP 能耗、居民人均可支配收入、城乡居民人均收入比、人均住房面积、环保投资占 GDP 的比重、万人平均拥有病床数、建成区人口占全市人口比例、全市人均耕地面积、全市人均水资源量
《中国城市统计年鉴》 （2010—2021）	人均占地面积、人均生活用水量、人均 GDP、地均 GDP、人均城市道路面积
扬州市环境 质量报告 （2010—2021）	水面面积比例、建成区水环境质量指数、空气质量良好天数达标率、万元 GDP 的 SO_2 排放量、噪声达标区覆盖率、全市水环境质量指数
调查及计算	人均避难场所用地、全市人均后备饮用水水源量、全市人均初级生物能、全市人均自然非生物能

5.2.2 指标体系数据汇总

通过对扬州市 2010—2020 年城市生态适宜度各评价指标的原始数据的收集、整理和计算，得到表 5-5。

表 5-5　2010—2020 年扬州市城市生态适宜度各评价指标原始数据

年份	2010	2011	2012	2013	2014	2015	2016	2017	2018	2019	2020
地区生产总值/亿元	2257.02	2664.87	2974.55	3367.25	3750.13	4099.91	4539.12	5078.58	5478.74	5850.08	6048.33
人均占地面积/m²	14.35	14.33	14.37	14.33	14.28	14.29	14.27	14.32	14.36	14.41	14.49
人均园林绿地面积/m²	7.34	10.79	14.55	5.6	5.7	5.8	6.3	6.6	6.75	7.05	7.57
城市生活污水集中处理率/%	90.1	90.2	90.6	91.0	91.7	91.9	92.1	92.8	93.4	93.8	94.5
万元 GDP 的 COD 排放量/kg	2.32	2.15	1.92	1.63	1.46	1.3	1.14	0.87	0.87	0.65	0.62
大气环境质量指数/%		92	88	64.9	65.5	68	71.4	62.5	66.6	69.6	72.5
万元 GDP 的 SO_2 排放量/kg	2.92	2.11	1.55	1.45	1.26	1.11	0.7	0.37	0.22	0.27	0.25
工业固废综合利用率/%	97.4		98	97.7	97.7	91	94.9	92.4	93.9	93.5	93.8
城市生活垃圾无害化处理率/%	100	100	100	100	98.95	100	100	100	100	100	100
人均 GDP/元	49159	57925	64887	72775	81287	88911	98319	110408	121222	128856	133011
人均财政收入/元	8731	10889	12096	9101	10154	11172	11468	11243	11859	11251.1	11988
地均 GDP/元	34243	40128	45130	51088	56897	62204	68868	77053	83125	88758	91766
居民人均可支配收入/元	17469	18896	20534	22068	24157	26253	28633	31370	34076	37074	38843
城乡居民人均收入比	2.31	2.20	2.21	2.15	1.98	1.98	1.97	1.97	1.96	1.95	1.90

续表

年份	2010	2011	2012	2013	2014	2015	2016	2017	2018	2019	2020
人均住房面积/m²	42.4	48.2	49	48.6	47.59	49.43	49.62	47.1	49.7	51.80	—
环保投资占 GDP 的比重/%	—	0.5	0.2	0.07	0.24	0.25	0.26	0.26	0.17	0.11	—
万人平均拥有病床数/床	35.59	36.75	38.6	41.75	42.84	43.63	44.8	49.5	50.90	54.67	57.8
人口数/万人	459.12	460.05	458.42	459.84	461.34	461.12	461.67	459.98	458.83	457.14	454.71
主要财政收入/亿元	400.88	500.95	554.51	418.54	468.46	515.18	529.45	517.19	542.11	514.33	

数据说明：
1. 统计年鉴主要集中在统计公报、综合、财政金融、人民生活和城市建设与环境保护五个模块；
2. 2020 年的数据来源于《2020 年扬州市国民经济和社会发展统计公报》，数据不全。

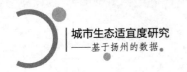
5.2.3　指标的等级划分

1. 指标等级划分的原则

为了对各指标进行综合评价，需要先对指标进行等级范围划分。等级划分时应遵循以下几条原则：

（1）尽量采用已有的国家标准或国际标准；

（2）参考国内城市的现状值（最大值、最小值）、全国平均值或者国际参考值；

（3）参考其他指标体系的标准值；

（4）在确定适宜范围的同时，考虑与当前的环境、社会与经济协调发展；

（5）对那些目前统计数据不完整，在指标体系中又十分重要的指标，在缺乏有关指标统计数据前，暂用专家咨询的方法确定。

2. 指标参考数据的收集

对各指标的参考值，通过对《中国城市统计年鉴》及相关资料进行调查和统计，分别得出国家标准、全国平均值、全国最好值和全国最差值，如表5-6所示。

表 5-6 部分指标的参考值

指标	单位	国家标准	全国平均值	全国最好值	全国最差值
人均占地面积	m²	—	61.23	93.44（北京）	40.55（云南）
人均生活用水量	m³/年	—	65.1	106.7（海南）	37.26（内蒙）
人均园林绿地面积	m²	≥11	28.8	194（黑龙江）	17（上海）
工业废水达标排放率	%	≥90	93	100（威海）	37（西藏）
城市生活污水集中处理率	%	≥85	42.55	100	1.3（景德镇）
万元 GDP 的 COD 排放量	kg	<4.0	6.43	1.14（北京）	15.42（宁夏）
空气质量良好天数达标率	%	—	90.5	100	67（北京）
万元 GDP 的 SO₂ 排放量	kg	<5.0	12.59	1.16（北京）	50.15（贵州）
工业固废综合利用率	%	≥90	62.8	100	3.8（陇南）
城市生活垃圾无害化处理率	%	≥90	62	100	5.93（百色）
人均 GDP	元	—	42224.48	84081（东营）	5515（阜阳）
人均财政收入	元	—	3781.2	11165.12（上海）	709.1972（西藏）
万元 GDP 新鲜水耗	t	≤20	146	15（天津）	407（西藏）

续表

指标	单位	国家标准	全国平均值	全国最好值	全国最差值
万元 GDP 能耗	t 标准煤	—	1.56	0.71 (北京)	3.95 (宁夏)
居民人均可支配收入	元	—	13785.8	23622.7 (上海)	10012.3 (甘肃)
人均住房面积	m²	—	27.1	37.2 (浙江)	15 (北京)
环保投资占 GDP 的比重	%	≥3.5	1.5	2.5 (无锡)	0
万人平均拥有病床数	床	—	28.0	51.6 (上海)	21 (贵州)
人均城市道路面积	m²	—	11.4	19.23 (江苏)	4.5 (上海)
建成区人口比例	%	≥55	44.94	88.7 (上海)	28.30 (西藏)
全市人均耕地面积	亩	—	1.38	4.46 (内蒙古)	0.21 (北京)
全市人均水资源量	m³	—	1916.3	152969.2 (西藏)	103.3 (天津)

注：由于资料收集存在一定困难，表格中"全国最好值""全国最差值"一栏中，有些是省份资料，有些是城市资料。

各指标及其变量的内涵和等级划分，分述如下：

（1）人均占地面积

研究表明，人口密度过高，会影响城市居民的生活质量，增加人与人之间产生摩擦的概率，因此城市人口密度不宜过高。由此可见，人均占地面积是生态适宜度评价体系中十分重要的指标。

参考国内外现状，城市适宜人口密度选定为 3000～5000 人/km²。如果城市人口密度低于 1500 人/km² 则不利于城市发展（我国人口多、密度大，一般不会出现这种情况）；如果城市人口密度高于 10000 人/km²，则城市过于拥挤，也不适宜生活。根据上述情况，确定人均占地面积指标适宜范围为不小于 200 m²，若不大于 100 m² 则适宜度差，良好和一般的界限值取两者中间值（150 m²）。

（2）水面面积比例

水面面积比例对城市排涝等有重要的影响。相关文献调研显示[1]，水面面积比例的适宜值和城市年降雨量密切相关，年降雨量越大的地区，建成区水面面积比例越大。根据上述关系，确定水面面积比例指标适宜范围为不小于 $\dfrac{年降雨量^{\frac{1}{2}}}{300} \times 100\%$，不大于 $\dfrac{年降雨量^{\frac{1}{2}}}{1000} \times 100\%$ 为适宜度差。

（3）人均生活用水量

生活用水量是指居民日常生活与公共福利设施的用水量。

2002 年我国颁布《城市居民生活用水量标准》（GB/T 50331-2002），将全国划分为 6 个区域，并对每个区域内城市居民生活用水量标准的确定提出了指导意见，如表 5-7 所示。

---

① 张志飞，郭宗楼，王士武. 区域合理水面率研究现状及探讨 [J]. 中国农村水利水电，2006（4）：58-60.

表5-7　城市居民生活用水量

地域分区	日均用水量/ (L·人⁻¹)	适用范围
一	80~135	黑龙江、辽宁、吉林、内蒙古
二	85~140	北京、天津、河北、山东、河南、陕西、宁夏、甘肃
三	120~180	上海、江苏、浙江、福建、江西、湖北、湖南、安徽
四	150~220	广东、广西、海南
五	100~140	重庆、四川、贵州、云南
六	75~125	新疆、西藏、青海

随着人们生活水平的提高，城市人均用水量逐渐增加，在制定标准时既要考虑当前现状，又要考虑发展的需要。同时，由于全国各地域水资源量不同，各地的日用水量指标不同，因此标准划分也应该有地域区分。本研究区域位于江苏，针对江苏地区，参考《城市居民生活用水量标准》第三区域（上海、江苏、浙江、福建、江西、湖北、湖南、安徽）日人均用水量适宜范围120~180 L，当日人均用水量超过该标准中所有区域的最大值220 L时，适宜度一般；当日人均用水量超过360 L时，适宜度差。根据计算，人均生活用水量指标的适宜范围为43.8~65.7 m³/年，人均生活用水量在65.7~80.3 m³/年时适宜度良好，人均生活用水量在80.3~131.4 m³/年时适宜度一般，人均生活用水量不低于131.4 m³/年时适宜度差。

（4）人均生活能耗

生活能耗为能源消耗的一部分，是城市生态适宜度评价的重要指标。生活能源主要包括煤炭、煤油、石油、天然气、热力和电力等。人均生活能耗与生活质量呈正比关系，发展中国家和发达国家人均生活能耗差距较大，2019年我国人均生活能耗为434 kg标准煤/年（《中国统计年鉴2020》），而发达国家人均生活能耗达到3000 kg标准煤/年以上。随着经济水平的提高，发展中国家能源需求快速增加，确定适宜范围时不能牺牲生活的舒适性。相关研究显示，人均生活能耗指标适宜范围为不大于 1500 kg 标准煤/年，不低于 3000 kg 标准煤/年时适宜度差，中间值取两者平均值，即 2250 kg 标准煤/年。

（5）人均园林绿地面积

绿色植物对于人类的生存具有重要意义，它们吸收二氧化碳，释放氧气，净化空气，同时园林绿地作为人类的休闲场所发挥着重要作用。园林绿地面积是指城市公共绿地、专用绿地、生产绿地、防护绿地、郊区风景名胜区面积的总和。

调查显示，我国城市人均园林绿地面积达到 28.8 m^2，已经超过国家标准规定的 11 m^2，因此，确定人均园林绿地面积指标适宜范围为不小于 28.8 m^2，中间值为 11 m^2，不大于 5.5 m^2 时适宜度差（11 m^2 的一半）。

（6）水环境质量指数（建成区）

城区水体环境质量对于城市发展意义重大。城区水体环境既对居民身体健康有影响，又对居民生活质量有影响。建成区水环境质量指数是指建成区优于Ⅲ类水质的水体比例。

本指标理想值为 100%，但考虑现实情况，同时兼顾政策导向性，制定适宜范围为 90%~100%，不高于 50% 时适宜度差，中间值取 75%（50% 和 100% 的中间值）。

（7）工业废水达标排放率

工业废水达标排放量指报告期内废水中各项污染物指标都达到国家或地方排放标准的外排工业废水量，包括未经处理达标外排的，经废水处理设施处理后达标排放的，以及经污水处理厂处理后达标排放的。工业废水达标排放率是指工业废水达标排放量占工业废水排放总量的比重。

控制工业废水达标排放率对于保障城市水环境有重要意义。根据国家环境保护总局颁布的《污水综合排放标准》（GB 8978-1996），确定

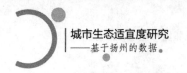

该指标适宜范围为 90%~100%，不高于 50% 时适宜度差，中间值取 75%（50% 和 100% 的中间值）。

（8）城市生活污水集中处理率

生活污水主要是指居民生活用水所产生的污水。生活污水作为城市污水的重要来源，对城市水体质量有重要影响，因此城市生活污水集中处理率对城市生态适宜度有重要影响。

根据国家环境保护总局 2007 年印发的《生态县、生态市、生态省建设指标（修订稿）》，确定该指标适宜范围为 85%~100%，不高于 50% 时适宜度差，中间值取 75%（50% 和 100% 的中间值）。

（9）万元 GDP 的 COD 排放量

万元 GDP 的 COD 排放量是指社会每创造万元 GDP 排放的废水污染物量（以 COD 核算）。

参考国家环境保护总局 2007 年印发的《生态县、生态市、生态省建设指标（修订稿）》，确定该指标适宜范围为小于 4.0 kg，不低于 8.0 kg 时适宜度差，中间值取 1.5 倍国标即 6.0 kg。

（10）空气质量良好天数达标率

空气质量良好天数达标率是指一年中环境空气质量达到 2 级及以上的天数占总天数的比例。

参考国家环境保护总局 2007 年印发的《生态县、生态市、生态省建设指标（修订稿）》，确定该指标适宜范围为 90.5%~100%，不高于 67% 时适宜度差，中间值取 80%（67% 和 90.5% 的平均值）。

（11）万元 GDP 的 SO_2 排放量

万元 GDP 的 SO_2 排放量是指社会每创造万元 GDP 排放的废气污染物量（以 SO_2 核算）。

参考国家环境保护总局 2007 年印发的《生态县、生态市、生态省建设指标（修订稿）》，确定该指标的适宜范围为小于 5.0 kg，不低于 10.0 kg（2 倍国家标准值）为适宜度差，中间值取 7.5 kg（1.5 倍国家标准）。

（12）工业固废综合利用率

工业固废综合利用量是指报告期内企业通过回收、加工、循环、交换等方式，从固体废弃物中提取或者使其转化为可以利用的资源、能源和其他原材料的固废量（包括当年利用往年的工业固废贮存量），如用作农业肥料、生产建筑材料或用于筑路等。工业固废综合利用量由原产生固体废弃物的单位统计。工业固废综合利用率是指工业固废综合利用量占工业固体废物产生量（包括综合利用往年贮存量）的百分比。计算公式为

$$工业固废综合利用率=\frac{工业固废综合利用量}{工业固废产生量+综合利用往年贮存量}\times100\%$$

参考国家环境保护总局 2007 年印发的《生态县、生态市、生态省建设指标（修订稿）》，确定该指标适宜范围为 90%～100%，中间值取62.8%（全国平均值），不高于 50%（100%的一半）为适宜度差。

（13）城市生活垃圾无害化处理率

城市生活垃圾无害化处理率是指对城市垃圾进行无害化处理的比率。

参考国家环境保护总局 2007 年印发的《生态县、生态市、生态省建设指标（修订稿）》，确定该指标的适宜范围为 90%～100%，不高于50%为适宜度差，中间值取全国平均值 62%。

（14）噪声达标区覆盖率

噪声达标区覆盖率是指城区范围内，环境噪声达标区面积占总面积的百分比。

参考国家环境保护总局 2007 年印发的《生态县、生态市、生态省建设指标（修订稿）》，并考虑实际情况，确定该指标适宜范围为90%～100%，不高于 50%为适宜度差，中间值取 75%。

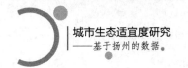

（15）人均GDP

地区生产总值（简称GDP）是指一个国家（地区）所有常住单位在一定时期内（通常为1年）生产活动的最终成果。

人均GDP指标随着经济状况逐年变化，该指标适宜范围受全国平均值的影响。综合考虑，确定人均GDP指标的适宜范围为不低于2倍的该年全国平均值，中间值为该年全国平均值，不高于0.5倍的全国平均值为适宜度差。

（16）人均财政收入

财政收入是指国家财政参与社会产品分配所取得的收入，是实现国家职能的财力保证。

人均财政收入逐年变化，同时存在地区差异，指标适宜范围受全国平均值的影响。综合考虑，确定该指标的适宜范围为不低于2倍的该年全国平均值，中间值为该年全国平均值，不高于0.5倍的全国平均值为适宜度差。

（17）地均GDP

地均GDP是指每平方千米土地创造的GDP，可反映土地的使用效率（也可以部分反映此地的工业与商业密集程度）。地均GDP是一个反映产值密度及经济发达水平的极好指标，它比人均GDP更能反映一个区域的发展程度和经济集中程度。

地均GDP是逐年变化的，考虑各地区及城乡差异，通过计算典型城市的地均GDP，得出本指标的适宜范围为不低于2倍该年全国平均值，不高于0.5倍该年全国平均值为适宜度差，中间值为全国平均值。

（18）万元GDP新鲜水耗

万元GDP新鲜水耗是指万元国内生产总值需要消耗的新鲜用水量。计算公式为

$$万元GDP新鲜水耗 = \frac{总新鲜水耗（吨）}{国内生产总值（万元）}$$

工业用水作为水资源消耗的重要方面，其新鲜水耗指标尤其重要。参考国家环境保护总局 2007 年印发的《生态县、生态市、生态省建设指标（修订稿）》，确定该指标适宜范围为不高于 20 t。考虑全国平均值为146 t，与国家标准差距较大，因此适当放宽适宜范围，不低于全国平均值为适宜度差，中间值取 40 t（2 倍国家标准）。

（19）万元 GDP 能耗

万元 GDP 能耗是指万元国内生产总值的耗能量，单位为吨标准煤。计算公式为

$$万元\,GDP\,能耗 = \frac{总能耗（t\,标准煤）}{国内生产总值（万元）}$$

参考国家环境保护总局 2007 年印发的《生态县、生态市、生态省建设指标（修订稿）》，确定该指标适宜范围为不高于 0.9 t 标准煤，不低于 1.8 t 标准煤（国家标准的 2 倍）为适宜度差，中间值为全国平均值 1.56 t 标准煤。

（20）城市居民人均可支配收入

城市居民家庭可支配收入是指被调查户可用于最终消费支出和其他非义务性支出及储蓄的总和，即居民家庭可以用来自然支配的收入。它是家庭总收入扣除缴纳的所得税、个人缴纳的社会保障费用及调查户的记账补贴后的收入。

为提高居民人均可支配收入，综合考虑，确定该指标适宜范围为不低于 2 倍该年全国平均值，中间值为全国平均值，不高于 0.5 倍全国平均值即为适宜度差。

（21）城乡居民人均收入比

城乡居民人均收入比为城镇居民人均可支配收入和农村居民人均纯收入之间的比例。

为减少城乡收入差距，确定该指标适宜范围为不大于 1.7（国际上城乡收入比较适宜的国家的指标水平），不小于 3.3（全国平均值）为

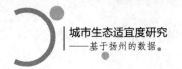

适宜度差，中间值取 2.5（国际警戒值）。

（22）人均住房面积

$$人均住房面积 = \frac{建筑面积}{人口数}$$

参考发达国家和国内先进城市的现状，确定该指标适宜范围为 60~80 m²，不高于 27.1 m² 为适宜度差。

（23）环保投资占 GDP 的比重

环保投资占 GDP 的比重是指用于环境保护的投资占总 GDP 的比例。计算公式为

$$环保投资占 \atop GDP 的比重 = \frac{环保防治投资 + 生态环境保护和建设投资}{国内生产总值（GDP）} \times 100\%$$

参考国家环境保护总局 2007 年印发的《生态县、生态市、生态省建设指标（修订稿）》，确定本指标适宜范围为不低于 3.5%，不高于 0.75%（国家标准的 0.5 倍）为适宜度差，中间值为全国平均值 1.5%。

（24）万人平均拥有病床数

$$万人平均拥有病床数 = \frac{全市拥有病床总数}{人口数（万人）}$$

针对我国城市建设的发展趋势，参考国际上发达国家的实际情况及我国目前的情况，确定指标适宜范围为不少于 60 床，不多于 21 床即为适宜度差，中间值取 39.5 床。

（25）人均城市道路面积

城市道路一般是指宽于 3 m 的公共道路系统。

$$人均城市道路面积 = \frac{城市道路面积}{人口数}$$

针对我国城市建设的发展趋势及土地资源十分紧缺的国情，参考国际上发达国家的实际情况及我国目前的情况，确定该指标适宜范围为不小于 19.23 m²，中间值取 11.4 m²，不大于 4.5 m² 为适宜度差。

（26）人均避难场所用地

现代城市规划建设理论认为，避难场所对于城市这种人口密集区域的安全十分重要。根据国际惯例，避难场所一般为广场和公园等开阔地区及一些地下设施（如地铁通道等）。参照新一轮的《南京市城市总体规划》，2030 年南京市人均避难场所用地目标为 4.5 m²。考虑到我国土地资源极其紧缺的特殊国情，确定指标适宜范围为不小于 4.5 m²，不大于 2.25 m² 为适宜度差（适宜范围的一半），中间值为 3.375 m²。

（27）建成区人口比例

建成区人口比例是指建成区人口占全市总人口的比例。

考虑到我国正处于城市化快速发展阶段，取建成区人口比重不低于 55% 为指标适宜范围，考虑到合理的城乡人口结构有利于维系农业生产，中间值取全国平均值 44.94%，不高于 27.5% 为适宜度差（55% 的一半）。

（28）全市人均耕地面积

耕地面积是指年初可以用来种植农作物、经常进行耕锄的田地，除包括熟地、当年新开荒地、连续撂荒未满三年的耕地和当年的休闲地（轮歇地）外，还包括以种植农作物为主并附带种植桑树、茶树、果树和其他林木的土地，以及沿海、沿湖地区已围垦利用的"海涂""湖田"等。但不包括专业性的桑园、茶园、果园、果木苗圃、林地、芦苇地、天然或人工草地面积。

$$全市人均耕地面积 = \frac{全市耕地面积}{全市人口}$$

针对我国人多耕地资源少的特殊国情，兼顾我国农业生产单产较高的现状，确定该指标适宜范围为不低于全国人均耕地面积的 2 倍，中间值取全国人均耕地面积，人均耕地面积不高于全国人均耕地面积的 0.5 倍为适宜度差。

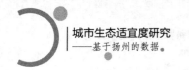

（29）全市人均水资源量

联合国教科文组织和气象组织把水资源定义为可供利用或有可能被利用，具有足够数量和可用质量，并可满足某地对水的需求且能长期供应的水源。一般指评价区内降水形成的地表和地下产水总量，即地表产流量与降水入渗补给地下水量之和，不包括过境水量。

$$全市人均水资源量 = \frac{全市水资源总量}{全市人口数}$$

考虑我国淡水资源实际情况，同时适当考虑人的需求与舒适性，确定该指标适宜范围为不低于全国人均淡水资源总量的 1.5 倍。考虑我国淡水资源总量严重不足的特殊状况，确定不高于全国人均淡水资源总量的 0.5 倍为适宜度差，中间值为全国人均淡水资源总量。

（30）全市人均后备饮用水水源量

如果城市的水源地受到污染，那么城市居民的用水就会受到影响，因此城市建立后备水源成为十分迫切的需要。目前，很多城市都建立了自己的后备水源地，如南京市将金牛湖水库作为后备水源，泰州市在引江河口建设了后备水源工程。

本研究综合考虑，确定该指标适宜范围为不小于 5.0 m³（这是参照新一轮《南京市城市总体规划》中后备饮用水源地金牛湖水库可用水源量计算的近似值，根据南京地区人均日用水量数据，5.0 m³ 大约能供应一个人使用 30 天）。根据我国后备水源建设不足的情况，中间值取 2.5 m³，不大于 1.25 m³ 即为适宜度差。

（31）全市人均初级生物能

初级生物能是指市域空间生长的植物所固定的有效辐射能。本指标主要计算全国产量超过 10000 万 t 的作物（包括稻谷、小麦、油菜、玉米、甘蔗五种作物）产出及其秸秆所含的能量。

本研究综合考虑，确定该指标适宜值为不低于 15.0×10⁶ J/年（取人均 1000 kg 生物质产品所含能值的近似值），中间值为适宜值的 1/2，

即 $7.5×10^6$ J/年，不高于适宜值的 1/4，即 $3.75×10^6$ J/年为适宜度差。

（32）全市人均自然非生物能

自然非生物能是指太阳能、风能、水能、煤炭、石油、地热等能源。

综合考虑，确定该指标适宜值为不低于 $78.0×10^{12}$ J/年（全国平均值的 2 倍），中间值为 $39.0×10^{12}$ J/年（取全国平均值的近似值），不高于全国平均值的 1/2，即不高于 $19.5×10^{12}$ J/年为适宜度差。

（33）全市水环境质量指数

全市水体环境质量对于城市发展有重要影响，城市水体环境既对居民身体健康有影响，又对居民生活质量有影响。全市水环境质量指数是指全市优于Ⅲ类的水质的水体比例。根据我国目前水环境状况，确定该指标适宜范围为 90%～100%，不高于 50%（100% 的一半）为适宜度差，中间值取全国平均值 61.23%。

将上述等级范围总结如表 5-8 所示。

表 5-8　各指标等级划分

指标	单位	好	良好	一般	差
（D_1）人均占地面积	m²	≥200	150~200	100~150	≤100
（D_2）水面面积比例	%	≥$\dfrac{\text{年降雨量}^{\frac{1}{2}}}{300}$ ×100%	$\dfrac{\text{年降雨量}^{\frac{1}{2}}}{450}$ ×100% ~ $\dfrac{\text{年降雨量}^{\frac{1}{2}}}{300}$ ×100%	$\dfrac{\text{年降雨量}^{1/2}}{1000}$ ×100% ~ $\dfrac{\text{年降雨量}^{\frac{1}{2}}}{450}$ ×100%	≤$\dfrac{\text{年降雨量}^{\frac{1}{2}}}{1000}$ ×100%
（D_3）人均生活用水量	m³/年	43.8~65.7	65.7~80.3	80.3~131.4	≥131.4
（D_4）人均生活能耗	kg 标准煤/年	≤1500	1500~2250	2250~3000	≥3000
（D_5）人均园林绿地面积	m²	≥28.8	11~28.8	5.5~11	≤5.5

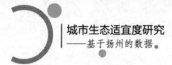
续表

指标	单位	好	良好	一般	差
(D_6)建成区水环境质量指数	%	90~100	75~90	50~75	≤50
(D_7)工业废水达标排放率	%	90~100	75~90	50~75	≤50
(D_8)城市生活污水集中处理率	%	85~100	75~85	50~75	≤50
(D_9)万元GDP的COD排放量	kg	<4.0	4.0~6.0	6.0~8.0	≥8.0
(D_{10})空气质量良好天数达标率	%	90.5~100	80~90.5	67~80	≤67
(D_{11})万元GDP的SO_2排放量	kg	<5.0	5.0~7.5	7.5~10	≥10
(D_{12})工业固废综合利用率	%	90~100	62.8~90	50~62.8	≤50
(D_{13})城市生活垃圾无害化处理率	%	90~100	62~90	50~62	≤50
(D_{14})噪声达标区覆盖率	%	90~100	75~90	50~75	≤50
(D_{15})人均GDP（相对值）	元	≥2倍该年全国平均值	该年全国平均值~2倍该年全国平均值	0.5倍该年全国平均值~该年全国平均值	≤0.5倍该年全国平均值
(D_{16})人均财政收入	元	≥2倍该年全国平均值	该年全国平均值~2倍该年全国平均值	0.5倍该年全国平均值~该年全国平均值	≤0.5倍该年全国平均值

续表

指标	单位	好	良好	一般	差
(D_{17})地均 GDP	万元	≥2倍该年全国平均值	该年全国平均值~2倍该年全国平均值	0.5倍该年全国平均值~该年全国平均值	≤0.5倍该年全国平均值
(D_{18})万元 GDP 新鲜水耗	t	≤20	20~40	40~146	≥146
(D_{19})万元 GDP 能耗	t 标准煤	≤0.9	0.9~1.56	1.56~1.8	≥1.8
(D_{20})居民人均可支配收入	元	≥2倍该年全国平均值	该年全国平均值~2倍该年全国平均值	0.5倍该年全国平均值~该年全国平均值	≤0.5倍该年全国平均值
(D_{21})城乡居民人均收入比		≤1.7	1.7~2.5	2.5~3.3	≥3.3
(D_{22})人均住房面积	m²	60~80	40~60	27.1~40	≤27.1
(D_{23})环保投资占 GDP 的比重	%	≥3.5	1.5~3.5	0.75~1.5	≤0.75
(D_{24})万人平均拥有病床数	床	≥60	39.5~60	21~39.5	≤21
(D_{25})人均城市道路面积	m²	≥19.23	11.4~19.23	4.5~11.4	≤4.5
(D_{26})人均避难场所用地	m²	≥4.5	3.375~4.5	2.25~3.375	≤2.25
(D_{27})建成区人口比例	%	≥55%	44.94%~55%	27.5%~44.94	≤27.5
(D_{28})全市人均耕地面积	亩	≥2倍该年全国平均值	该年全国平均值~2倍该年全国平均值	0.5倍该年全国平均值~该年全国平均值	≤0.5倍该年全国平均值

续表

指标	单位	好	良好	一般	差
（D_{29}）全市人均水资源量	m^3/年	≥1.5倍该年全国平均值	该年全国平均值~1.5倍该年全国平均值	0.5倍该年全国平均值~该年全国平均值	≤0.5倍该年全国平均值
（D_{30}）全市人均后备饮用水水源量	m^3	≥5.0	2.5~5.0	1.25~2.5	≤1.25
（D_{31}）全市人均初级生物能	10^6 J/年	≥15	7.5~15	3.75~7.5	≤3.75
（D_{32}）全市人均自然非生物能	10^{12} J/年	≥78.0	39.0~78.0	19.5~39	≤19.5
（D_{33}）全市水环境质量指数	%	90~100	61.23~90	50~61.23	≤50

5.2.4 城市生态现状分析

通过对扬州市各项生态评价指标和对应等级进行分析，得到以下具体资料。

1. 人均占地面积和全市人均耕地面积

土地作为稀缺资源，在城市发展中具有重要作用，它为人类提供了必要的生存和发展空间。由图5-5和图5-6可知，随着城市的发展，扬州建成区的人均占地面积和全市人均耕地面积不断减少，且从等级划分来看都属于一般水平。

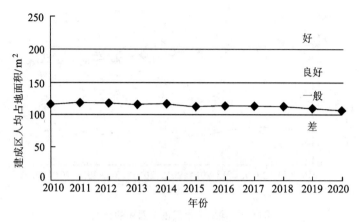

图 5-5　建成区人均占地面积

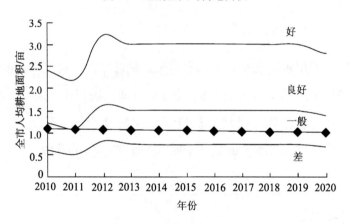

图 5-6　全市人均耕地面积

2. 水面面积比例

适宜的建成区水面面积是城市防洪、防内涝的保障，但由图 5-7 可以看出，随着扬州市建成区的不断扩大，建成区水面面积比例却没有相应增加，反而呈下降趋势。

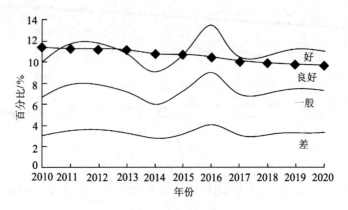

图 5-7　建成区水面占总面积的比例

3. 人均生活用水量和全市人均水资源量

人均生活用水量和全市人均水资源量能够反映城市水资源的丰富程度和人们的生活质量。由图 5-8、图 5-9 可知，扬州市人均生活用水量总体呈下降趋势，其等级划分从良好逐年转变为好，甚至高于"好"的水平；而全市人均水资源量水平始终处于"差"的等级。

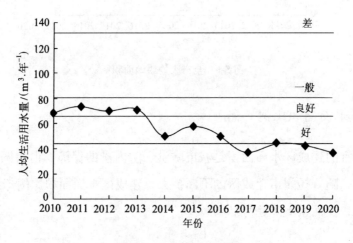

图 5-8　人均生活用水量

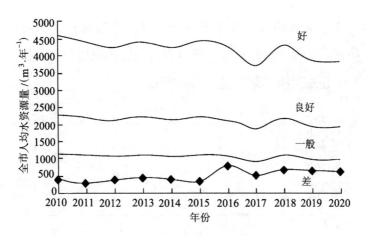

图 5-9　全市人均水资源量

4. 人均生活能耗

生活能耗主要由生活用天然气、煤气、燃油、煤炭、电力等使用量构成。由图 5-10 可知，从 2014 年开始，扬州市城区人均生活能耗逐年上升，但 2020 年有所下降。扬州市人均生活能耗一直处于"好"的等级。

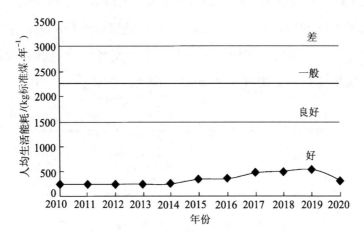

图 5-10　人均生活能耗

5. 人均园林绿地面积

城市绿地作为影响城市生态环境的重要方面，越来越受到重视。由

图 5-11 可知，扬州市作为旅游型城市，绿化率较高，人均园林绿地面积增加明显。从等级划分来看，扬州市人均园林绿地面积指标一直处于良好水平，且逐渐向"好"这一等级靠近。

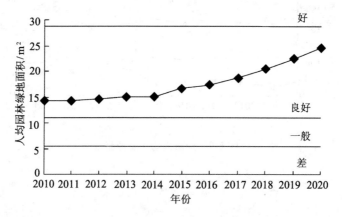

图 5-11　人均园林绿地面积

6. 建成区水环境质量指数和全市水环境质量指数

建成区水环境质量指数和全市水环境质量指数是水体环境的重要指标。由图 5-12 和图 5-13 可以看出，扬州市建成区水环境质量指数始终处于"差"这一等级。2010—2014 年，全市水环境质量指数较好，基本处于良好水平，仅 2014 年和 2020 年降为一般水平。

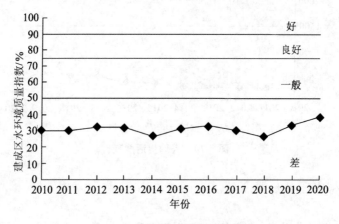

图 5-12　建成区水环境质量指数

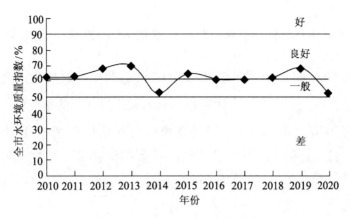

图 5-13　全市水环境质量指数

7. 工业废水达标排放率和城市生活污水集中处理率

由图 5-14 可见，2015 年以来，扬州市工业废水达标排放率稳定在 99%左右，并始终处于"好"的等级，说明近几年的污水排放控制得比较好。

2010 年以来，扬州市城市生活污水集中处理率逐年升高，从"差"的水平上升为良好水平，且有继续转好的趋势，表明政府越来越重视城市生活污水处理。

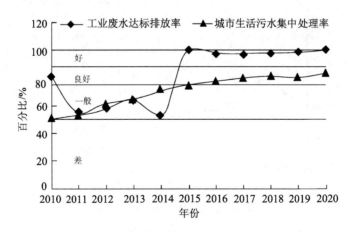

图 5-14　工业废水达标排放率和城市生活污水集中处理率

8. 万元 GDP 的 COD 排放量和万元 GDP 的 SO₂ 排放量

万元 GDP 的 COD 排放量和万元 GDP 的 SO₂ 排放量是体现环境质量的重要指标之一，控制这两项指标是各城市近几年的重要任务。由图 5-15 和图 5-16 可知，2014 年以来扬州市的万元 GDP 的 COD 排放量逐年降低，且始终处于"好"的等级；万元 GDP 的 SO₂ 排放量在 2010—2016 年大幅降低，2016—2020 年降幅放缓，但整体处于"差"的等级，2020 年接近一般水平。

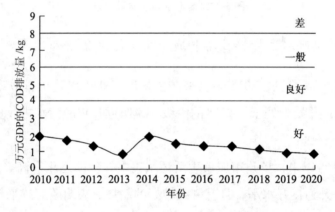

图 5-15　万元 GDP 的 COD 排放量

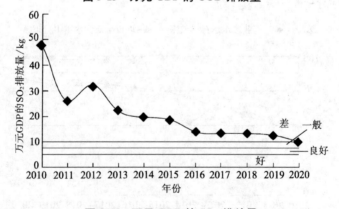

图 5-16　万元 GDP 的 SO₂ 排放量

9. 空气质量良好天数达标率

空气质量良好天数达标率是衡量大气环境质量的重要指标，大气环境质量对人们的身体健康有直接的影响。由图 5-17 可知，扬州市空气质量良好天数达标率 2015 年以前基本处在"好"的等级，2016 年下降至一般水平，之后逐渐好转并稳定在良好水平。

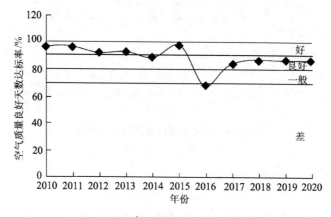

图 5-17　空气质量良好天数达标率

10. 工业固废综合利用率和城市生活垃圾无害化处理率

由图 5-18、图 5-19 可知，扬州市工业固废综合利用率在 2014 年以前相对较稳定，2014—2018 年波动较大，近两年又趋于平缓；而城市生活垃圾无害化处理率在 2010—2020 年总体呈上升趋势（除 2011 年有所下降）。就等级划分来看，扬州市工业固废综合利用率基本处于良好水平，城市生活垃圾无害化处理率基本处于"好"的等级。

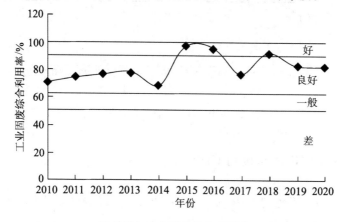

图 5-18　工业固废综合利用率

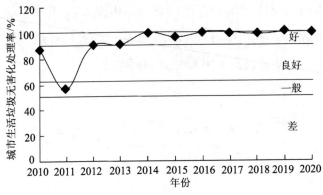

图 5-19　城市生活垃圾无害化处理率

11. 噪声达标区覆盖率

噪声达标区覆盖率是环境质量好坏的重要体现之一。噪声会对人们的生活、工作会产生很大的影响，且不利于人们的身心健康。由图 5-20 可见，扬州市近年来对噪声控制更加严格，噪声达标区覆盖率逐年上升，已从过去的一般水平上升至良好水平。

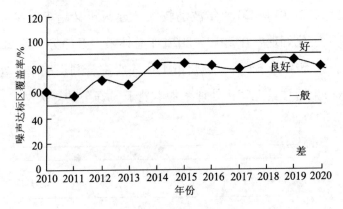

图 5-20　噪声达标区覆盖率

12. 人均 GDP 和地均 GDP

人均 GDP 和地均 GDP 是反映城市经济发展状况的重要指标。由图 5-21、图 5-22 可知，2010 年以来，扬州市的人均 GDP 和地均 GDP

均呈上升趋势，上升幅度大，且状况良好。

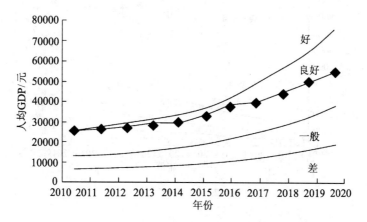

图 5-21　人均 GDP

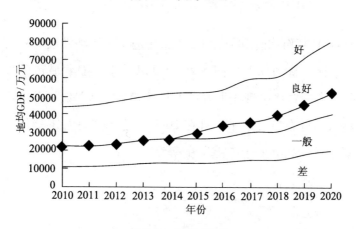

图 5-22　地均 GDP

13. 人均财政收入

从图 5-23 可看出，2010 年以来扬州市人均财政收入呈稳定上升趋势，但是上升速度较慢。从等级划分来看，扬州市人均财政收入始终处于"好"这一等级。

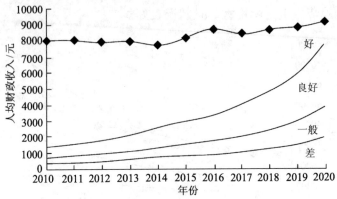

图 5-23　人均财政收入

14. 万元 GDP 新鲜水耗和万元 GDP 能耗

万元 GDP 新鲜水耗和万元 GDP 能耗是反映经济发展对资源依赖程度的重要指标。从图 5-24、图 5-25 中可以看出,随着城市的发展,扬州市这两项指标总体呈现先上升后下降的趋势。从等级划分来看,万元 GDP 能耗基本处在良好水平,且在 2019 年达到"好"的等级;而万元 GDP 新鲜水耗却始终处于"差"的等级。

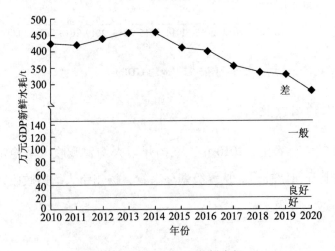

图 5-24　万元 GDP 新鲜水耗

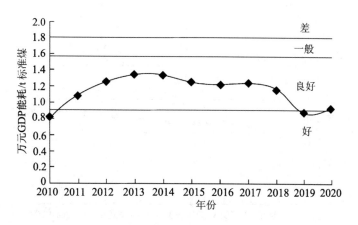

图 5-25 万元 GDP 能耗

15. 居民人均可支配收入

居民人均可支配收入是重要的经济指标，能够体现城乡居民的生活水平。由图 5-26 可知，2010—2020 年扬州市居民人均可支配收入逐年上升，但等级水平不高，处于"一般"至"良好"水平范围。

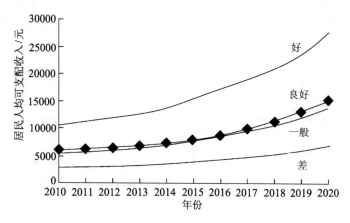

图 5-26 居民人均可支配收入

16. 城乡收入比

城乡收入比能够直观地反映农村居民收入与城镇居民收入之间的差距情况。根据图 5-27 可知，2010—2020 年扬州市农村居民收入与城镇居民收入的差距逐年增大，但总体情况良好，始终低于 2.5 倍的国际警

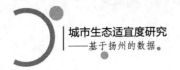

戒线。

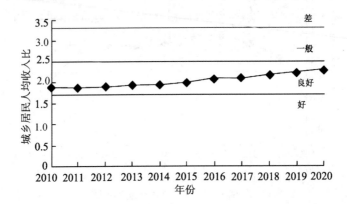

图 5-27　城乡居民人均收入比

17. 人均住房面积

人均住房面积是体现城市居民生活质量的重要指标。由图 5-28 可知，2010—2020 年扬州市人均住房面积逐年上升，说明居民生活质量在逐步提高，但 2010—2019 年总体水平一直为"差"，直至 2020 年才达到一般水平。

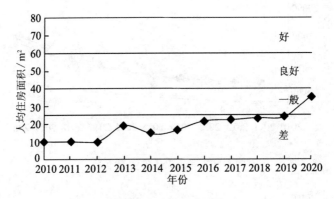

图 5-28　人均住房面积

18. 环保投资占 GDP 的比重

环保投资占 GDP 的比重体现了一个城市对环境保护的重视程度和

为美化环境所投入的工作量，是衡量城市环境质量的重要指标。由图5-29 可以看出，2010—2020 年扬州市环保投资比重不断加大，已从早期的差等水平上升到良好水平，上升趋势明显。

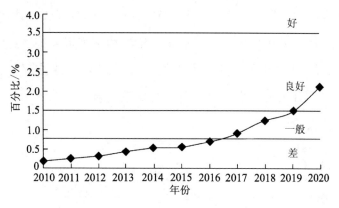

图 5-29　环保投资占 GDP 的比重

19. 万人平均拥有病床数

万人平均拥有病床数是反映城市现代公共医疗水平的指标。关注人民的健康安全，是社会和谐的重要表现之一。由图 5-30 可知，2010—2020 年扬州市万人平均拥有病床数这一指标呈波动上升趋势，表明政府对群众身体健康更加重视，逐年在增加医疗投入。但这一指标总体水平不高，基本处于一般水平。

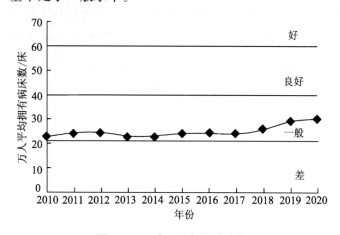

图 5-30　万人平均拥有病床数

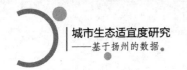
20. 人均城市道路面积

人均城市道路面积关系到人们出行的方便及安全程度。在科技高速发展的现今社会，随着私家汽车等现代交通工具的普及，人均道路面积不足将严重影响城市居民的生活质量，给生活带来很多不便。由图 5-31 可以看出，2010—2020 年扬州市人均城市道路面积日益扩大，从原来的一般水平上升为良好水平，上升趋势比较明显。

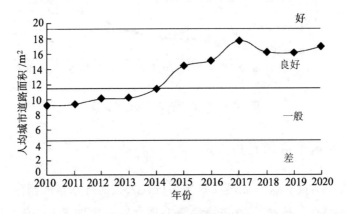

图 5-31　人均城市道路面积

21. 人均避难场所用地

应急避难场所对提高防灾减灾能力，保护人民群众生命财产安全有重要的作用。由图 5-32 可知，扬州市人均避难场所用地 2010—2013 年间变化不明显，始终处于一般水平，但是 2013 年以后呈快速上升趋势，在 2015 年达到"好"这一等级，表明政府对应急避难场所日益重视，也是社会保障越发完善的体现。

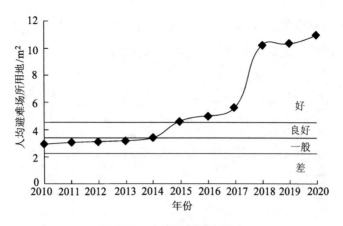

图 5-32　人均避难场所用地

22. 建成区人口比例

建成区人口比例是衡量城市化水平的重要指标。扬州市在 2011 年邗江区与维扬区合并组建新的扬州市邗江区后，建成区人口比重有所提高，随后增长很少。扬州市建成区人口比例始终处于"好"的等级，但等级水平有下降的趋势（见图 5-33）。

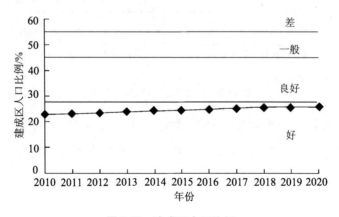

图 5-33　建成区人口比例

23. 全市人均初级生物能和全市人均自然非生物能

由图 5-34、图 5-35 可知，2010—2020 年扬州市全市人均自然非生物能基本没有变化，且水平低，一直处于"差"的等级，这主要是由于扬州市内没有煤矿、石油等自然非生物能源。

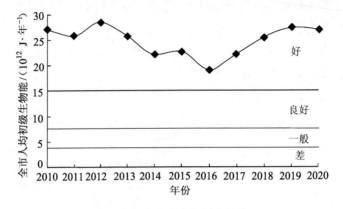

图 5-34　全市人均初级生物能

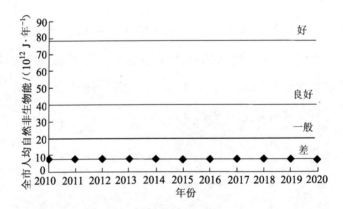

图 5-35　全市人均自然非生物能

全市人均初级生物能总体呈现先下降后上升的趋势，其总体水平高，始终处于"好"这一等级。因为扬州市地处粮食产区，所以生物能较为丰富。

第 ⑥ 章 扬州市城市生态适宜度的模糊数学评价

6.1 模糊数学的评价方法

本章运用 Matlab R2009a 提供的模糊逻辑工具箱（Fuzzy Logic Tool-box）对江苏省扬州市城市生态适宜度进行模糊数学评价研究。

6.1.1 模式识别与模糊化

1. 模糊集合的概念

由经典的集合论可知，一个事物 a 要么属于集合 A，要么不属于集合 A，没有其他的隶属关系。在现代科学与工程应用中，经常会出现模糊集合的概念，即某一事物 a 以一定程度隶属于集合 A，该思想是模糊集合的基础。

模糊集合的概念是控制论专家拉特飞·扎德（Lotfi A. Zadeh）教授于 1965 年提出的。目前模糊逻辑已经广泛地应用于理、工、农、医等各领域。在现实世界中，对事物的描述并非都越精确越好。Zadeh 教授指出，当问题的复杂性增加时，精确的描述将失去意义，而有意义的描述将失去精度。

2. 隶属度函数与模糊化

通过隶属度函数可将一个精确的数据模糊化。目前常用的隶属度函数主要包括三角形（triangle）隶属度函数、钟型（Bell）隶属度函数、高斯（Gauss）型隶属度函数、西格蒙德（Sigmoid）型隶属度函数等。

本章主要采用 Gauss 型隶属度函数对指标数据进行模糊化，因为该函数具有连续、对称、解析性好等特点。Gauss 型隶属度函数的数学表达式为

$$f(x) = e^{\frac{(x-c)^2}{2\sigma^2}} \tag{6-1}$$

不同 c 和 σ 参数的 Gauss 型隶属度函数的形状与正态分布概率密度函数的形状是一致的。根据它的解析式可以推导出，当 c 变化时，隶属度函数曲线变宽但形状不变，只做左右平移；当 σ 变化时，曲线变宽或变窄，但水平位置不变。因此在对指标函数进行模糊化时，可以根据实际的情况或要求改变 σ 和 c 参数，使数据在模糊化时，对不同模糊集合（区间）的隶属度发生相应的变化。

3. 指标体系的模式识别

模式识别主要包括指标体系的分层和指标的等级划分。其中，分层是指指标体系的层次划分。本指标体系分为 A，B，C，D 四层。指标的等级划分是将指标的实际数据按照取值范围分为 N 段，每段用一个隶属度函数表示，这样精确的实验或调查数据便可以通过一组隶属度函数予以模糊化，变成模糊数据。若将某个实际数据的取值范围分为 3 段，则表示它隶属于 3 个模糊集，可用 3 个隶属度函数表示，一般对应的物理意义分别为"很小""中等"与"较大"。本研究将实际数据分为 4 个模糊集，用 4 个隶属度函数表示，对应的物理意义分别是"好""良好""一般"和"差"。各指标等级划分见表 5-8。

6.1.2　模糊推理系统的建立

模糊推理系统（Fuzzy Inference System，FIS）可用 Matlab 模糊逻辑工具箱中提供的 newfis（）函数构建，进而得到问题的模糊推理系统的数据结构。其内容包括模糊的与、或运算，解模糊算法等，这些属性可以由 newfis（）函数直接定义，也可以事后定义。FIS 有两种类型——Mamdani 型和 Sugeno 型，两种类型的主要区别在于 Sugeno 型的 FIS 的输出隶属度函数只能是线性的或定向的，而 Mamdani 型的 FIS 的输出隶属度函数可以是任意的。Mamdani 型方法更直观，且与人的思维习惯非常类似，目前已被广泛接受，所以本书采用 Mamdani 类型的 FIS。定义了模糊推理系统 FIS 后，就可以添加系统的输入和输出变量，以及它们的取值范围了。在本研究中，输入变量是各个评价指标，输出变量为评价值。

本研究建立的区域发展生态系统适宜度指标体系一共有 4 层，分别用 A，B，C，D 表示。采用自下而上、层层递归的方法对整个区域的生态系统适宜度进行模糊评价，即首先以 D 层指标作为输入，得到 C 层的评价输出，再以 C 层指标作为输入，得到 B 层的评价输出，最终得到 A 层的评价输出。

6.1.3　模糊规则与模糊推理

1. 模糊规则的确定

模糊集和模糊运算是模糊逻辑的主语和谓词。如果将多变量输入-输出模糊化，则可以使用 if…then 型语句表示出模糊推理关系。例如，若输入信号 1（ip1）"很小"，输入信号 2（ip2）"很大"，则设置"较大"的输出信号（op），这样的模糊推理关系可以表示成包含模糊逻辑的条件句：

　　　　if ip1 = "很小" and ip 2 = "很大"，then op = "较大"

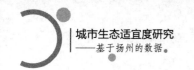

if 所引导的部分称为前提或前件（antecedent），then 所引导的部分称为结论或后件（consequent），根据输入前件和输出后件之间的实际关系和意义，可以得到许多这样的模糊推理规则，并将它们代入 FIS 之中。

模糊推理规则是模糊逻辑的核心，建立一个成功的模糊分类与评价体系的关键在于建立合适的模糊推理规则。模糊推理规则的建立不仅需要专家的参与，而且需要对所研究的对象有深刻的理解。本书通过对城市生态适宜度评价指标体系进行深入研究，制定了相应的模糊规则，并且邀请相关专家对模糊规则提出修改意见。

（1）C 层指标模糊规则的语言描述

模糊规则制定的总体原则：当本指标的下层指标唯一时，下层指标所属的类别即为本指标的类别；当本指标的下层指标不唯一时，则需人为指定模糊规则。C 层指标 C_1，C_3，C_4，C_8，C_{13}，C_{14}，C_{17} 不需制定模糊规则，其他指标的模糊规则的语言描述见表 6-1。

表 6-1　C 层指标模糊规则的语言描述

指标	模糊规则的语言描述
C_2	1. 无论水面面积比例如何，如果人均生活用水量大，则水资源指标为"差"。 2. 无论水面面积比例如何，如果人均生活用水量较大（一般），则水资源指标为"一般"。 3. 如果人均生活用水量较少（良好），并且水面面积比例较大（良好），则水资源指标为"良好"。 4. 如果人均生活用水量少（好），并且水面面积比例较大（良好），则水资源指标为"良好"。 5. 如果人均生活用水量少（好），并且水面面积比例大（好），则水资源指标为"好"

续表

指标	模糊规则的语言描述
C_5	1. 无论工业废水达标排放率如何、城市生活污水集中处理率如何、万元 GDP 的 COD 排放量如何，如果建成区水环境质量指数低（差），则水环境指标为"差"。 2. 如果建成区水环境质量指数较低（一般），或者工业废水达标排放率低（差），或者城市生活污水集中处理率低（差），或者万元 GDP 的 COD 排放量大（差），则水环境指标为"一般"。 3. 如果万元 GDP 的 COD 排放量低（好），并且工业废水达标排放率较高（良好）、城市生活污水集中处理率较高（良好）、建成区水环境质量指数较高（良好），则水环境指标为"良好"。 4. 如果工业废水达标排放率高（好），并且城市生活污水集中处理率高（好）、万元 GDP 的 COD 排放量低（好）、建成区水环境质量指数高（好），则水环境指标为"好"
C_6	1. 无论万元 GDP 的 SO_2 排放量如何，如果空气良好天数达标率低（差），则空气环境指标为"差"。 2. 如果万元 GDP 的 SO_2 排放量较大（一般），且空气良好天数达标率低（差），则空气环境指标为"一般"。 3. 如果空气良好天数达标率较高（良好），且万元 GDP 的 SO_2 排放量较低（良好），则空气环境指标为"良好"。 4. 如果空气良好天数达标率高（好），且万元 GDP 的 SO_2 排放量低（好），则空气环境指标为"好"
C_7	1. 如果工业固废综合利用率低（差），且城市生活垃圾无害化处理率低（差），则固废指标为"差"。 2. 如果工业固废综合利用率较低（一般），且城市生活垃圾无害化处理率较低（一般），则固废指标为"一般"。 3. 如果工业固废综合利用率较低（一般），且城市生活垃圾无害化处理率较高（良好），则固废指标为"一般"。 4. 如果工业固废综合利用率较高（良好），且城市生活垃圾无害化处理率较低（一般），则固废指标为"一般"。 5. 如果工业固废综合利用率较高（良好），且城市生活垃圾无害化处理率较高（良好），则固废指标为"良好"。 6. 如果工业固废综合利用率较低（一般），且城市生活垃圾无害化处理率高（好），则固废指标为"良好"。 7. 如果工业固废综合利用率高（好），且城市生活垃圾无害化处理率较低（一般），则固废指标为"良好"。 8. 如果工业固废综合利用率高（好），且城市生活垃圾无害化处理率高（好），则固废指标为"好"

续表

指标	模糊规则的语言描述
C_9	1. 无论人均财政收入如何，如果人均 GDP 低（差），则经济指标为"差"。 2. 无论人均财政收入如何，如果人均 GDP 较低（一般），则经济指标为"一般"。 3. 如果人均 GDP 高（好），且人均财政收入较低（一般），则经济指标为"良好"。 4. 如果人均 GDP 较高（良好），且人均财政收入较高（良好），则经济指标为"良好"。 5. 如果人均 GDP 高（好），且人均财政收入高（好），则经济指标为"好"
C_{10}	1. 无论地均 GDP 如何，如果万元 GDP 能耗大（差），且万元 GDP 新鲜水耗大（差），则资源利用效率指标为"差"。 2. 如果万元 GDP 新鲜水耗不大（一般），且万元 GDP 能耗不大（一般），地均 GDP 较低（一般），则资源利用效率指标为"一般"。 3. 无论地均 GDP 如何，如果万元 GDP 新鲜水耗较低（良好），且万元 GDP 能耗较低（良好），则资源利用效率指标为"良好"。 4. 如果地均 GDP 高（好），且万元 GOD 新鲜水耗低（好），且万元 GDP 能耗低（好），则资源利用效率指标为"好"
C_{11}	1. 无论居民人均可支配收入如何，如果城乡居民人均收入差别大（差），且人均住房面积小（差），则居民生活水平指标为"差"。 2. 无论居民人均可支配收入如何，如果城乡居民人均收入差别不大（一般），或者人均住房面积可观（一般），则居民生活水平指标为"一般"。 3. 无论居民人均可支配收入、人均住房面积如何，如果城乡居民人均收入差别小（好），则居民生活水平指标为"良好"。（由于基尼系数低，人们感觉较好，强调主观感受。） 4. 如果居民人均可支配收入高（好），且城乡居民人均收入差别小（好），人均住房面积大（好），则居民生活水平指标为"好"
C_{12}	1. 无论人均避难场所如何，如果环保投资占 GDP 的比重小（差），且万人平均拥有病床数少（差），或者人均城市道路面积小（差），则社会福利安全指标为"差"。 2. 无论人均避难场所如何，环保投资占 GDP 的比重如何，如果万人平均拥有病床数多（好），且人均城市道路面积大（好），则社会福利安全指标为"良好"。（病床和道路与人民生活直接相关。） 3. 如果环保投资占 GDP 的比重较小（一般），且万人平均拥有病床数较少（一般），或者人均城市道路面积较小（一般），则社会福利安全指标为"一般"。 4. 如果环保投资占 GDP 的比重大（好），且万人平均拥有病床数多（好），且人均城市道路面积大（好），且人均避难场所面积大（好），则社会福利安全指标为"好"

指标	模糊规则的语言描述
C_{15}	1. 无论人均后备饮用水水源量如何，如果全市人均水资源量少（差），则水资源指标为"差"。 2. 无论人均后备饮用水水源量如何，如果全市人均水资源量较少（一般），则水资源指标为"一般"。 3. 如果全市人均水资源量较多（良好），且人均后备饮用水水源量较多（良好），则水资源指标为"良好"。 4. 如果全市人均水资源量多（好），且人均后备饮用水资源量较少（一般），则水资源指标为"良好"。 5. 如果全市人均水资源量多（好），且人均后备饮用水资源量多（好），则水资源指标为"好"
C_{16}	1. 如果全市人均初级生物能低（差），且全市人均自然非生物能低（差），则能源指标为"差"。 2. 如果全市人均初级生物能较高（良好），且全市人均自然非生物能低（差），则能源指标为"一般"。 3. 如果全市人均初级生物能较低（一般），且全市人均自然非生物能较低（一般），则能源指标为"一般"。 4. 如果全市人均初级生物能较高（良好），且全市人均自然非生物能较高（良好），则能源指标为"良好"。 5. 如果全市人均初级生物能高（好），且全市人均自然非生物能高（好），则能源指标为"好"

注：括号内为相应指标的等级水平。

（2）B 层指标模糊规则的语言描述

B 层指标都需要制定模糊规则，具体规则的语言描述见表 6-2。

表 6-2　B 层指标模糊规则的语言描述

指标	模糊规则的语言描述
B_1	1. 无论绿地指标如何，如果土地资源指标差，且水资源指标差、能源指标差，则建成区资源消耗与支撑指标为"差"。 2. 无论绿地指标如何，如果土地资源指标差，或者能源指标差，或者水资源指标差，但三者不同时为差，则建成区资源消耗与支撑指标为"一般"。 3. 无论绿地指标如何，土地资源指标如何，如果水资源指标良好，且能源指标良好，则建成区资源消耗与支撑指标为"良好"。 4. 如果土地资源指标好，且水资源指标好、能源指标好、绿地指标好，则建成区资源消耗与支撑指标为"好"

续表

指标	模糊规则的语言描述
B_2	1. 无论噪声指标如何，如果固废指标差、空气环境指标差、水环境指标差，则建成区环境状况与污染负荷指标为"差"。 2. 无论噪声指标如何，如果固废指标差，或者空气环境指标差，或者水环境指标差，但是三者不同时为差，则建成区环境状况与污染负荷指标为"一般"。 3. 如果噪声指标不是差，空气指标不是差，并且固废指标好、水环境指标良好，则建成区环境状况与污染负荷指标为"良好"。 4. 如果噪声指标好，固废指标好、空气环境指标好、水环境指标好，则建成区环境状况与污染负荷指标为"好"
B_3	1. 无论资源利用效率如何，如果经济指标差，则建成区效率效益指标为"差"。 2. 无论资源利用效率如何，如果经济指标一般，则建成区效率效益指标为"一般"。 3. 如果经济指标良好，且资源利用效率指标良好，则建成区效率效益指标为"良好"。 4. 如果经济指标好，且资源利用效率指标一般，则建成区效率效益指标为"良好"。 5. 如果经济指标好，且资源利用效率指标好，则建成区效率效益指标为"好"
B_4	1. 如果生活水平指标差，并且社会福利安全指标差，则建成区社会保障及福利安全指标为"差"。 2. 如果生活水平指标良好，但社会福利安全指标差，或者社会福利安全指标一般，则建成区社会保障及福利安全指标为"一般"。 3. 如果社会福利安全指标良好，但生活水平指标差，或者生活水平指标一般，则建成区社会保障及福利安全指标为"一般"。 4. 如果生活水平指标良好，且社会福利安全指标良好，则建成区社会保障及福利安全指标为"良好"。 5. 如果生活水平指标好，且社会福利安全指标一般，则建成区社会保障及福利安全指标为"良好"。 6. 如果生活水平指标一般，但社会福利安全指标好，则建成区社会保障及福利安全指标为"良好"。（主观感受较好） 7. 如果生活水平指标好，且社会福利安全指标好，则建成区社会保障及福利安全指标为"好"

指标	模糊规则的语言描述
B_5	1. 无论人力资源指标如何，如果土地资源指标差，且水资源指标差、能源指标差、全市环境容量指标差，则市域生态支撑指标为"差"。 2. 无论人力资源指标如何，如果土地资源指标不为差，或者水资源指标不为差，或者能源指标不为差，但全市环境容量指标差，则市域生态支撑指标为"一般"。 3. 无论全市环境容量指标如何，人力资源指标如何，如果土地资源指标差，或者水资源指标差，或者能源指标差，但是三者不同时为差，则市域生态支撑指标为"一般"。 4. 如果全市环境容量指标好，且全市水环境指标不为差，能源指标不为差，土地资源指标不为差，人力资源指标不为差，则市域生态支撑指标为"良好"。 5. 如果全市环境容量指标良好，且全市水环境指标良好，能源指标良好，土地资源指标良好，人力资源指标良好，则市域生态支撑指标为"良好"。 6. 无论人力资源指标如何，如果土地资源指标好，且水资源指标好，能源指标好，全市环境容量指标好，则市域生态支撑指标为"好"

（3）A 层指标模糊规则的语言描述

A 层指标模糊规则的语言描述见表 6-3。

表 6-3 A 层指标模糊规则的语言描述

指标	模糊规则的语言描述
A	1. 如果建成区资源消耗与支撑指标差，且建成区环境状况与污染负荷指标差，建成区效率效益指标差，建成区社会保障及福利安全指标差，市域生态支撑指标差，则城市生态适宜度差。 2. 如果市域生态支撑指标差，或者建成区环境状况与污染负荷指标差，或者建成区效率效益指标差，或者建成区社会保障及福利安全指标差，但四者不同时为差，则城市生态适宜度一般。 3. 无论市域生态支撑指标如何，如果建成区环境状况与污染负荷指标良好，且建成区效率效益指标良好，建成区社会保障及福利安全指标良好，则城市生态适宜度良好。 4. 如果建成区资源消耗与支撑指标好，且建成区环境状况与污染负荷指标好，建成区效率效益指标好，建成区社会保障及福利安全指标好，市域生态支撑指标好，则城市生态适宜度好

2. 模糊推理

建立模糊推理规则之后，可以通过作出 3D 图形，直观地看出从输入到输出的复杂映射关系。在模糊逻辑工具箱中，可以使用数据向量表示模糊推理规则，多行向量有 $m+n+2$ 个元素，其中 m，n 分别为输入变量和输出变量的个数，前 m 个元素表示输入变量的隶属函数序号，次 n 个元素对应输出变量的隶属函数序号，第 $m+n+1$ 个元素表示输出的加权系数，最后一个元素表示输入变量间的逻辑运算关系（1 表示逻辑"与"，在自然语言中是"和""且"之类的意思；2 表示逻辑"或"，在自然语言中是"或者"之类的意思）。因此，由若干条模糊推理规则便可以构成一个规则矩阵，然后将此规则矩阵输入 FIS 中。

6.1.4 模糊暗示与解模糊化

1. 模糊暗示与解模糊化的概念

通过模糊推理可以得出模糊输出量 op，此模糊输出量隶属于不同的模糊集，需要通过模糊暗示法对各个模糊集进行校正，并把它们联合成一个模糊集。

解模糊化（defuzzification）是指在这一个模糊集上可以通过指定的算法使 op 精确化，变成实际的可以测量的量。

2. 模糊暗示与解模糊化的方法

模糊逻辑工具箱中提供的模糊暗示方法主要有最小值（minimum）法和乘积（product）法，前者使各个模糊集截断（truncate），后者使各个模糊集缩放（scale）。本研究采用最小值法对输出变量隶属的各个模糊集进行截断。

解模糊化方法主要有中心值法（centroid）、二等分法（bisector）、最大中值法（middle of maximum）、最大极大值法（largest of maximum）

和最大极小值法（smallest of maximum）。其中，最常用的方法是中心值法，本研究也采用中心值法。

6.2　模糊数学评价的运算过程

由于模糊评价的过程是相同的，下面以水环境指标（C_5）类的评价过程为例，结合 Matlab 模糊逻辑工具箱及建模、求解程序，详细地说明本书的模糊建模与评价方法，以及相关结果。将 C_5 从表 5-7 中抽取出来，得到它的子表（表 6-4），用于对 C_5 进行模糊评价。

表 6-4　水环境指标（C_5）及等级

指标	最好值	好	良好	一般	差	最差值
D_6：建成区水环境质量指数/%	100	90~100	75~90	50~75	≤50	0
D_7：工业废水达标排放率/%	100	90~100	75~90	50~75	≤50	0
D_8：城市生活污水集中处理率/%	100	85~100	75~85	50~75	≤50	0
D_9：万元 GDP 的 COD 排放量/kg	0	<4.0	4.0~6.0	6.0~8.0	≥8.0	

6.2.1　实际数据的模糊化

从表 6-4 中可以看出 C_5 有 4 个指标，因此建立的 FIS 有 4 个输入和 1 个输出。这 4 个输入分别如下：

D_6：建成区水环境质量指数（%）；

D_7：工业废水达标排放率（%）；

D_8：城市生活污水集中处理率（%）；

D_9：万元 GDP 的 COD 排放量（kg）。

输出是水环境指标（C_5）的评价，取值在 ［0，1］ 之间。

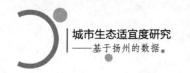
1. 水环境指标（C_5）FIS 的基本属性值的设定

首先对 FIS 进行命名，名称为"水环境模糊推理系统"。

　　Name＝'水环境模糊推理系统'；

建立 Mamdani 型的 FIS 对指标进行模糊评价。

　　Type＝'mamdani'；

由于该层指标的个数为 4，因此 FIS 输入的变量个数为 4，输出为对 C_5 的评价值。

　　NumInputs＝4；

　　NumOutputs＝1；

将数据分为 4 个等级，分别为好、良好、一般、差。因此需要用 4 个隶属度函数（这里采用 Gauss 型函数）对输入指标数据进行模糊化。

拟定的模糊规则的数目为 4 个，它们分别列写在模糊规则（rules）的位置。

　　NumRules＝4；

模糊与运算采用最小值（minimum）法：

　　AndMethod＝'min'；

模糊或运算采用最大值（minimax）法：

　　OrMethod＝'max'；

模糊暗示法（implication method）采用最小值法：

　　ImpMethod＝'min'；

模糊聚合法（aggregation method）采用最大值法：

　　AggMethod＝'max'；

解模糊法（defuzzification）采用中心值法（centroid）：

　　DefuzzMethod＝'centroid'；

对于第一个输入变量，Input1 为"D_6：建成区水环境质量指数（%）"，即输入名称为

Name = '建成区水环境质量指数';

该指标变量的输入范围是 0~100，可以用一个向量表示：

Range = [0, 100];

采用 4 个 Gauss 隶属度函数 MF1，MF2，MF3，MF4 对输入指标数据进行模糊化，把它们同时映射到 0~1 之间，分别表示这些数据对模糊集"好""良好""一般""差"的隶属度。

NumMFs = 4;

对于第二至第四个输入变量（D_7—D_9），FIS 构建的方法与第一个指标相同。

2. Gauss 隶属度函数参数的确定

Gauss 隶属度函数的方差（σ）和均值（c）是它的两个重要参数，这两个参数的确定不是随意的，而是通过设定的模糊区间的边界，经数值求解得到的。

（1）均值 c 的确定

对于 D_6 [建成区水环境质量指数（%）]，根据国家和地方有关规定设定的模糊区间如下：

差：≤50，其中下限是 0；

一般：50~75；

良好：75~90；

好：≥90，其中上限是 100。

根据模糊逻辑原理和 Gauss 隶属度函数性质，4 个 Gauss 隶属度函数的均值确定如下：

MF1 的均值 c_1 等于整个模糊区间的下限，即等于 0；

MF2 的均值 c_2 等于"一般"模糊区间端点的平均值，即等于 62.5；

MF3 的均值 c_3 等于"良好"模糊区间端点的平均值，即等于 82.5；

MF4 的均值 c_4 等于整个模糊区间的上限，即等于 100。

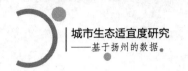

（2）方差 σ 的确定

MF1 至 MF4 的方差 σ_1，σ_2，σ_3，σ_4 是通过以下过程确定的。

因为 MF1，MF2，MF3，MF4 是两两相交的，同一个指标分别对它们都有隶属度，只是大小不同。根据对各个模糊区间端点的设定，可知端点是对左边模糊集合隶属度由大变小和对右边模糊集合隶属度由小变大的临界点。例如，当指标 D_6 值由 0（在这一点上对模糊集"差"的隶属度最大）逐渐增大，达到 50（临界点）再增大时，对于"差"的隶属度将逐渐减小，而对模糊集"一般"的隶属度将逐渐增大；当该指标继续增大，达到 75 时，又出现一个临界点，此时指标值对模糊集"一般"的隶属度将减小，而对模糊集"良好"的隶属度将逐渐增大；继续增大达到 90 时，指标值对模糊集"良好"的隶属度将减小，而对模糊集"好"的隶属度将逐渐增大，直到达到对"好"的最大隶属度，此时指标值为 100。因此，这些临界点可以看作 MF1，MF2，MF3，MF4 两两的交点，交点的横坐标就是这些临界点（端点）的指标值，纵坐标是该点指标对相邻两个模糊集合的隶属度。在临界点处，指标对相邻两个模糊集的隶属度是相同的。临界点处的隶属度可以由专家确定或根据有关资料确定，本研究确定临界点处指标 D_6 对各个模糊集的隶属度是 0.5。

通过以上原理，可以将方程（6-1）进行变形，得到 σ 关于 x 和 c 的方程。

$$\sigma = \frac{x - c}{\sqrt{-2\ln f}} \tag{6-2}$$

将各个临界点的值，c_1 值，c_2 值、临界点处的隶属度 f 值代入式（6-2），得到 $\sigma_1 = 33.97$，$\sigma_2 = 8.49$，$\sigma_3 = 8.49$，$\sigma_4 = 16.99$。

3. 采用 Gauss 型隶属度函数对输入指标进行模糊化

第一个 Gauss 型隶属度函数表示各个指标值对"差"这个模糊集的隶属度：

设定第一个 Gauss 型隶属度函数的方差和均值，它也是一个向量 $[\sigma, c]$。

MF1 = ′bad′：′gaussmf′，[33. 97，0]；

第二个 Gauss 型隶属度函数表示各个指标值对"一般"这个模糊集的隶属度：

MF2 = ′average′：′gaussmf′，[8. 49，62. 5]；

第三个 Gauss 型隶属度函数表示各个指标值对"良好"这个模糊集的隶属度：

MF3 = ′good′：′gaussmf′，[8. 49，82. 5]；

第四个 Gauss 型隶属度函数表示各个指标值对"好"这个模糊集的隶属度：

MF4 = ′excellent′：′gaussmf′，[16. 99，100]；

由此可以作出 MF1—MF4 函数的图像（图 6-1），从图中可以看出这 4 个隶属度函数的形状完全符合设定的要求。

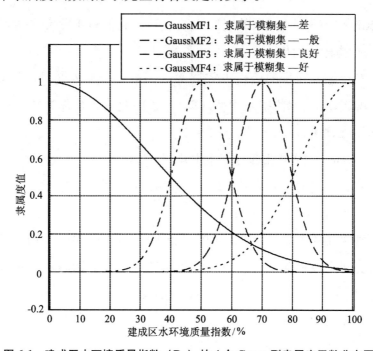

图 6-1　建成区水环境质量指数（D_6）的 4 个 Gauss 型隶属度函数分布图

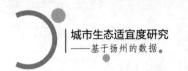

对于第二个输入变量，因为 Input2 为"D_7：工业废水达标排放率（%）"，因此输入名称为"工业废水达标排放率"。

Name＝'工业废水达标排放率'；

该指标变量的输入范围是 0～100，可以用一个向量表示：

Range＝［0，100］；

同样采用 4 个 Gauss 型隶属度函数 MF1，MF2，MF3，MF4 对输入指标数据进行模糊化，把它们映射到 0～1 之间，分别表示这些数据对模糊集"差""一般""良好""好"的隶属度。

NumMFs＝4；

利用同样的方法解得 MF1—MF4 的参数 ［σ，c］。

MF1＝'bad'：'gaussmf'，［50.96，0］；

MF2＝'average'：'gaussmf'，［8.49，62.5］；

MF3＝'good'：'gaussmf'，［4.25，82.5］；

MF4＝'excellent'：'gaussmf'，［8.49，100］；

作出 MF1—MF4 函数的图像（图 6-2），它们将工业废水达标排放率（D_7）指标模糊化。

第三个输入变量的处理方式同第一、第二个输入变量，Input3 为"D_8：城市生活污水集中处理率（%）"，因此输入名称为"城市生活污水集中处理率"。

Name＝'城市生活污水集中处理率'；

该指标变量的输入范围是 0～100，可以用一个向量表示：

Range＝［0，100］；

同样采用 4 个 Gauss 型隶属度函数 MF1，MF2，MF3，MF4 对输入指标数据进行模糊化，把它们映射到 0～1 之间，分别表示这些数据对模糊集"差""一般""良好""好"的隶属度。

NumMFs＝4；

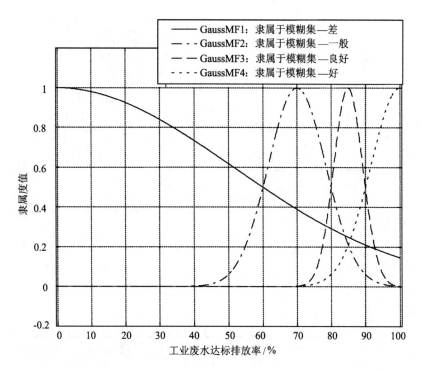

图 6-2　工业废水达标排放率（D_7）的 4 个 Gauss 型隶属度函数分布图

利用同样的方法解得 MF1—MF4 的参数 $[\sigma, c]$。

　　MF1 = ′bad′:′gaussmf′, [50.96, 0]；

　　MF2 = ′average′:′gaussmf′, [8.49, 62.5]；

　　MF3 = ′good′:′gaussmf′, [4.25, 80]；

　　MF4 = ′excellent′:′gaussmf′, [8.49, 100]；

作出 MF1—MF4 函数的图像（图 6-3），它们将城市生活污水集中处理率（D_8）指标模糊化。

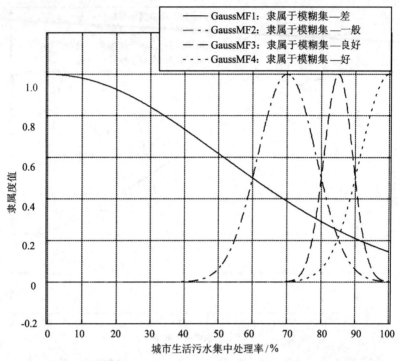

图 6-3　城市生活污水集中处理率（D_8）的 4 个 Gauss 型隶属度函数分布图

　　第四个输入变量的处理方式与前三个输入变量相同，不同的是它是一个低优指标，必须对它进行预处理，把低优指标转化为高优指标才能模糊化，并进行综合评价。这里通过对指标"D_9：万元 GDP 的 COD 排放量（kg）"进行一次线性变换完成低优指标到高优指标的转化。变换公式如下：

$$y = kx + b \qquad\qquad (6\text{-}3)$$

式中，x 为处理前万元 GDP 的 COD 排放量（kg）的值；$k = -1$；$b = 15.42$；y 为 x 经线性变换后得到的高优指标值，这样原指标就变成了以下形式：

　　差：≥8.0，其中下限是 8.0；

　　一般：6.0～8.0；

　　良好：4.0～6.0；

好：<4.0，其中上限是 0。

因为 Input4 为万元 GDP 的 COD 排放量，因此输入名称为"万元 GDP 的 COD 排放量"。

Name＝'万元 GDP 的 COD 排放量'；

该指标变量的输入范围是 0~8.0，可以用一个向量表示：

Range＝［0，8.0］；

采用 4 个 Gauss 型隶属度函数 MF1，MF2，MF3，MF4 对输入指标数据进行模糊化，同样把它们映射到 0~1 之间，分别表示这些数据对模糊集"好""良好""一般""差"的隶属度。

NumMFs＝4；

利用同样的方法解得 MF1—MF4 的参数 ［σ，c］。

MF1＝'bad'：'gaussmf'，［2.90，0］；

MF2＝'average'：'gaussmf'，［2.37，5.0］；

MF3＝'good'：'gaussmf'，［1.03，7.0］；

MF4＝'excellent'：'gaussmf'，［3.40，8.0］；

作出 MF1—MF4 函数的图像（图6-4），它们将万元 GDP 的 COD 排放量（D_9）指标模糊化。

4. 输出变量的模糊化

同样采用 Gauss 型隶属度函数对 FIS 的输出——水环境指标（C_5）进行模糊化，模糊化的方式同输入变量，因为 Output1 为水环境指标（C_5），因此输入名称为"水环境指标"。这是一个无量纲的指标。

Name＝'水环境指标'；

该输出变量的取值范围是 0~1，可以用一个向量表示：

Range＝［0，1］；

在这里将［0，1］区间进行 4 等分，即［0，0.25］，［0.25，0.5］，［0.5，0.75］和［0.75，1］，分别代表模糊集"差""一般""良好"

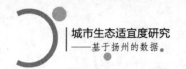

"好"，同样采用 4 个 Gauss 隶属度函数 MF1，MF2，MF3，MF4 对输出
指标数据进行模糊化，把它们映射到 0～1 之间，分别表示这些数据对
模糊集"差""一般""良好""好"的隶属度。

NumMFs = 4；

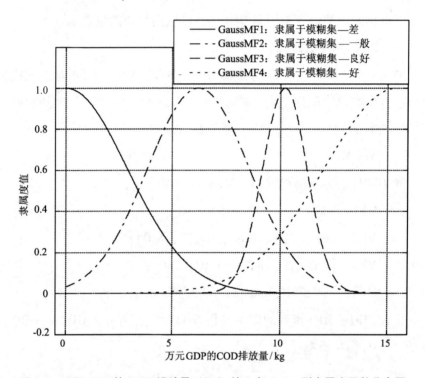

图 6-4　万元 GDP 的 COD 排放量（D_9）的 4 个 Gauss 型隶属度函数分布图

利用同样的方法解得 MF1—MF4 的参数 $[\sigma，c]$。

　　MF1 = 'bad'：'gaussmf'，$[0.21，0]$；

　　MF2 = 'average'：'gaussmf'，$[0.11，0.38]$；

　　MF3 = 'good'：'gaussmf'，$[0.11，0.63]$；

　　MF4 = 'excellent'：'gaussmf'，$[0.21，1]$；

作出 MF1—MF4 函数的图像（图 6-5），它们将输出指标变量水环
境指标（C_5）模糊化。

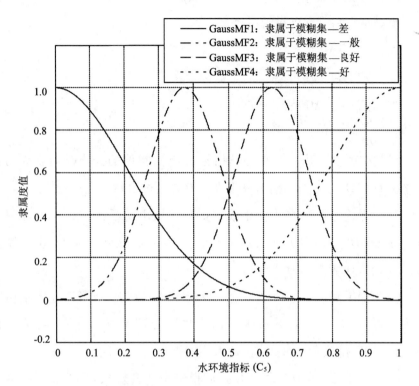

图 6-5　水环境指标（C_5）的 4 个 Gauss 型隶属度函数分布图

6.2.2　FIS 模糊规则的转化过程

模糊规则的确定是建立 FIS 的关键，模糊规则是用"如果……就……（if…then）"式的自然语言描述的，它符合人们的思维习惯，具备相关专业知识且对研究对象比较了解的人都可以参加模糊规则的制定，即使他们不懂得模糊逻辑的理论知识，也能够根据自己的相关知识和经验很好地确定模糊规则。

水环境指标（C_5）类具体包括 4 个指标：

D_6：建成区水环境质量指数（%）；

D_7：工业废水达标排放率（%）；

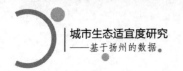
D_8：城市生活污水集中处理率（%）；

D_9：万元 GDP 的 COD 排放量（kg）。

模糊集合与隶属度函数分别如下：

"差"——MF1；

"一般"——MF2；

"良好"——MF3；

"好"——MF4。

因此在评价输出——水环境指标（C_5）类值的大小时，需要用到建立在 D_6—D_9 之间的模糊运算规则。首先通过自然语言进行描述：

（1）无论工业废水达标排放率如何、城市生活污水集中处理率如何、万元 GDP 的 COD 排放量如何，如果建成区水环境质量指数低（差），则水环境指标为"差"。

（2）如果建成区水环境质量指数较低（一般），或者工业废水达标排放率低（差），或者城市生活污水集中处理率低（差），或者万元 GDP 的 COD 排放量大（差），则水环境指标为"一般"。

（3）如果万元 GDP 的 COD 排放量较小（良好），且工业废水达标排放率较高（良好）、城市生活污水集中处理率较高（良好）、建成区水环境质量指数较高（良好），则水环境指标为"良好"。

（4）如果工业废水达标排放率高（好），且城市生活污水集中处理率高（好）、万元 GDP 的 COD 排放量小（好）、建成区水环境质量指数高（好），则水环境指标为"好"。

然后将这些自然语言使用模糊逻辑语法转化为模糊逻辑规则，与自然语言规则相对应：

（1）If D_6 is MF1，then C_5 is MF1；

（2）If D_6 is MF2 OR D_7 is MF1 OR D_8 is MF1 OR D_9 is MF1，then C_5 is MF2；

（3）If D_6 is MF3 AND D_7 is MF3 AND D_8 is MF3 AND D_9 is MF3， then C_5 is MF3；

（4）If D_6 is MF4 AND D_7 is MF4 AND D_8 is MF4 AND D_9 is MF4，then C_5 is MF4。

最后将模糊逻辑规则转化为模糊规则矩阵，用于 FIS 的模糊推理。因为有 4 条模糊逻辑规则，因此模糊规则有 4 行。

就模糊逻辑规则（2）而言，前件是 If D_6 is MF2 OR D_7 is MF1 OR D_8 is MF1 OR D_9 is MF1，后件是 then C_5 is MF2。D_6 隶属于"一般"，即第二个隶属度函数，编号为 2；D_7 隶属于"差"，即第一个隶属度函数，编号为 1；D_8 隶属于"差"，即第一个隶属度函数，编号为 1；D_9 也隶属于"差"，即第一个隶属度函数，编号也为 1；后件中 C_5 隶属于"一般"，即第二个隶属度函数，编号为 2。我们认为，每一条模糊规则对于 C_5 解模糊化的重要性都是一样的，因此它的权重（取值为 0~1）为编号为 1；前件是通过"模糊或"进行运算的，而"模糊或"的编号为2。至此，模糊逻辑规则矩阵的第一行为 [2, 1, 1, 1, 2, 1, 2]。

运用同样的方法，可以确定模糊逻辑规则（1）（3）（4）的编码，对于前件中未出现的输入变量，可理解为隶属任意模糊集，编号为 0（如规则 1），从而得到模糊逻辑规则矩阵。

$$\boldsymbol{R} = \begin{bmatrix} 1 & 0 & 0 & 0 & 1 & 1 & 1 \\ 2 & 1 & 1 & 1 & 2 & 1 & 2 \\ 3 & 3 & 3 & 3 & 3 & 1 & 1 \\ 4 & 4 & 4 & 4 & 4 & 1 & 1 \end{bmatrix}$$

确定了水环境指标 FIS 的输入、输出、各个隶属度函数，以及模糊推理规则之后，就可以确定 FIS 的结构，如图 6-6 所示。该结构用于 D_6—D_9 在不同的范围取值时，经过 FIS 的运算、暗示与解模糊，得到水环境指标值的准确数据。因此可以认为，FIS 实现的是从输入空间（D_6—D_9）到输出空间（C_5）的复杂的非线性映射。这种映射的实现不是通过数学解析的方法，使用复杂的数学表达式来描述输入与输出之间

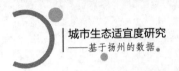

的关系，而是通过人的自然思维和自然语言直观地描述客观事物和现象之间的本质联系。因此 FIS 模拟仿真的是人脑对客观事物和现象的认识与理解，具有很好的非线性、精确性、鲁棒性与自适应性，这是其他常规的方法无法比拟的。

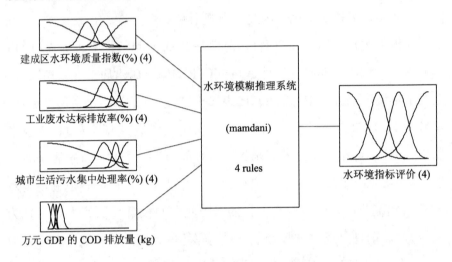

System: 4 inputs, 1 outputs, 4 rules

图 6-6　水环境指标（C₅）FIS 构架

6.2.3　模糊暗示与解模糊化

在确立了推理规则，以及这些规则的相对权重之后，就需要运用模糊暗示法对输出变量所隶属的各个模糊集进行变换。本研究采用最小值法对输出变量隶属的各个模糊集进行截断，并将截断之后的模糊集叠加融合为一个模糊集。图 6-7 反映了暗示与融合过程，右下角的模糊集为输出指标变量 C₅ 隶属的 4 个模糊集（"差""一般""良好"和"好"），是经过最小值暗示法截断并叠加融合后得到的。

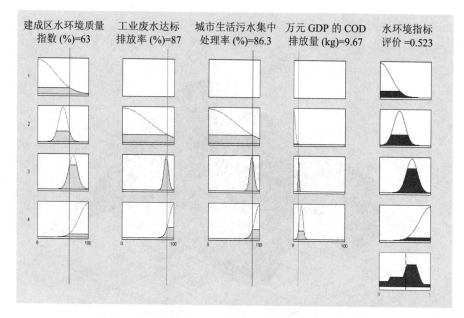

图 6-7　水环境指标（C_5）的模糊暗示与解模糊化过程

融合集合（aggregate set）被用于对输出指标变量的解模糊化，解模糊法采用中心值法，如图 6-7 右下角融合集合的虚线所示，该虚线将融合集合分成面积相等的两部分，它与横轴的交点，就是输出指标变量C_5的解模糊化值，它是一个精确化的数值。模糊逻辑工具箱提供了 evalfis（）函数，用于解模糊化。

由于模糊化过程中建立了 4 个模糊集——"差""一般""良好"和"好"，因此解模糊化后得到的数值也分为"差""一般""良好"和"好"4 个集合。具体分类见表 6-5。

表 6-5　解模糊化结果分类

解模糊化数值	$0 \leqslant X < 0.25$	$0.25 \leqslant X < 0.5$	$0.5 \leqslant X < 0.75$	$0.75 \leqslant X \leqslant 1$
分类	差	一般	良好	好

将解模糊化后的C_5值分别对D_6—D_9作三维曲面图，可以直观地看出输入空间与输出空间之间复杂的映射关系（图 6-8 至图 6-13）。

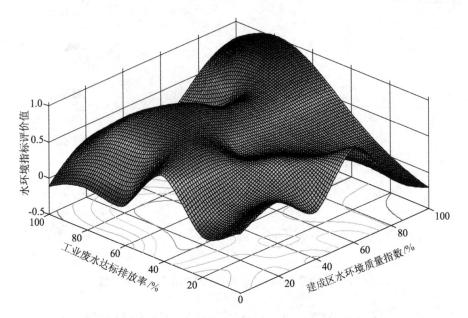

图 6-8　水环境指标（C_5）与指标 D_6 和 D_7 映射关系的曲面图

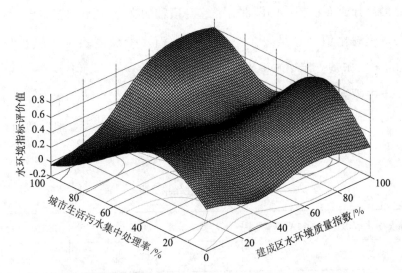

图 6-9　水环境指标（C_5）与指标 D_6 和 D_8 映射关系的曲面图

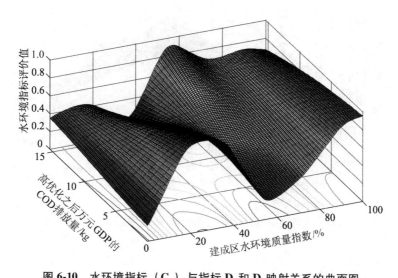

图 6-10 水环境指标（C_5）与指标 D_6 和 D_9 映射关系的曲面图

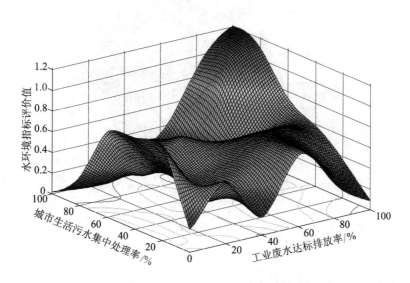

图 6-11 水环境指标（C_5）与指标 D_7 和 D_8 映射关系的曲面图

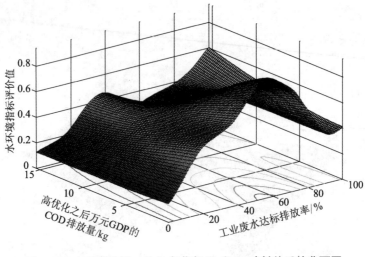

图 6-12　水环境指标（C_5）与指标 D_7 和 D_9 映射关系的曲面图

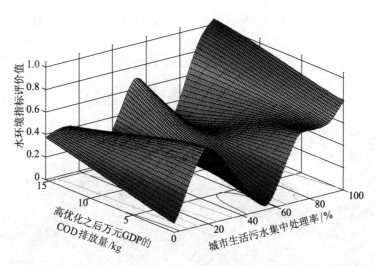

图 6-13　水环境指标（C_5）与指标 D_8 和 D_9 映射关系的曲面图

6.2.4　模糊评价结果

首先，通过大量的实际调查，得到扬州市水环境指标 C_5 所辖的4个指标 2010—2020 年的数据；然后运用建立的水环境模糊推理系统（FIS）来评价 C_5 的变化趋势。将该地区 2010—2020 年 D_6，D_7，D_8，D_9

的值作为 FIS 的输入变量，通过模糊化、模糊推理和运算、暗示、叠加融合与解模糊化，最终得到 C_5 在这 11 年里的得分评价值——表 6-6 的最后一列。

表 6-6　C_5 所辖的 4 个子指标的时间序列值

年份	建成区水环境质量指数/%	工业废水达标排放率/%	城市生活污水集中处理率/%	万元 GDP 的 COD 排放量/kg	评价结果	
2010	43.44	30.74	29.84	20.59	0.23	差
2011	42.76	80.42	26.80	11.70	0.38	一般
2012	41.79	80.95	28.85	9.06	0.47	一般
2013	42.00	55.53	42.95	4.88	0.42	一般
2014	40.96	84.79	52.13	5.15	0.45	一般
2015	37.06	88.90	42.45	4.08	0.40	一般
2016	32.04	95.60	40.29	3.60	0.48	一般
2017	36.52	96.90	62.96	3.07	0.54	良好
2018	38.70	99.60	80.07	6.41	0.56	良好
2019	39.60	99.50	85.73	1.93	0.61	良好
2020	38.22	97.50	83.62	1.38	0.63	良好

6.3　扬州市城市生态适宜度现状及趋势分析

根据上述模糊数学运算过程，得出扬州市 2010—2020 年城市生态适宜度指标体系评价结果，见表 6-7。

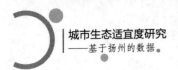

表 6-7　扬州市 2010—2020 年城市生态适宜度评价结果

指标体系	年份										
	2010	2011	2012	2013	2014	2015	2016	2017	2018	2019	2020
A	0.482	0.460	0.494	0.541	0.587	0.604	0.598	0.619	0.647	0.656	0.684
B_1	0.892	0.901	0.815	0.832	0.810	0.788	0.798	0.804	0.823	0.831	0.814
C_1	0.898	0.893	0.888	0.870	0.859	0.856	0.839	0.826	0.810	0.799	0.788
C_2	0.729	0.690	0.705	0.708	0.829	0.839	0.867	0.875	0.880	0.893	0.895
C_3	0.970	0.975	0.977	0.952	0.943	0.918	0.901	0.874	0.855	0.827	0.923
C_4	0.549	0.549	0.584	0.596	0.622	0.644	0.678	0.689	0.720	0.724	0.729
B_2	0.496	0.478	0.534	0.557	0.590	0.688	0.624	0.583	0.696	0.639	0.645
C_5	0.465	0.392	0.435	0.481	0.434	0.629	0.641	0.635	0.642	0.671	0.707
C_6	0.485	0.642	0.568	0.619	0.593	0.699	0.385	0.553	0.582	0.592	0.633
C_7	0.655	0.539	0.708	0.714	0.716	0.885	0.899	0.765	0.861	0.802	0.795
C_8	0.310	0.263	0.366	0.331	0.538	0.573	0.520	0.506	0.633	0.640	0.517
B_3	0.458	0.451	0.493	0.554	0.593	0.598	0.648	0.695	0.703	0.710	0.727
C_9	0.551	0.606	0.615	0.670	0.737	0.769	0.782	0.803	0.820	0.845	0.890
C_{10}	0.343	0.358	0.386	0.410	0.431	0.469	0.505	0.505	0.586	0.579	0.596
B_4	0.247	0.272	0.295	0.359	0.387	0.440	0.434	0.521	0.619	0.591	0.623
C_{11}	0.214	0.232	0.255	0.28	0.329	0.339	0.402	0.488	0.500	0.506	0.528
C_{12}	0.379	0.408	0.425	0.463	0.494	0.547	0.568	0.593	0.745	0.697	0.760
B_5	0.364	0.392	0.370	0.381	0.356	0.415	0.376	0.393	0.419	0.460	0.415
C_{13}	0.148	0.152	0.154	0.159	0.287	0.291	0.296	0.208	0.212	0.213	0.218
C_{14}	0.616	0.613	0.611	0.607	0.607	0.603	0.599	0.597	0.595	0.594	0.593
C_{15}	0.141	0.134	0.140	0.146	0.141	0.138	0.169	0.151	0.162	0.160	0.158
C_{16}	0.395	0.383	0.409	0.381	0.345	0.350	0.313	0.344	0.378	0.398	0.394
C_{17}	0.529	0.539	0.599	0.627	0.409	0.554	0.514	0.510	0.528	0.594	0.404

　　根据城市生态适宜度分级可以看出，2010—2020 年扬州市城市生态适宜度在 0.460 至 0.684 之间，处在"一般"和"良好"范围内，城市生态适宜度评价值总体呈上升趋势。

根据表 6-7 中扬州市城市生态适宜度总评价值（A 值）的变化情况作图 6-14，由图可以看出，扬州市城市生态适宜度评价值除 2011 年、2016 年相比上年略有下降外，总体呈上升趋势，2020 年扬州市城市生态适宜度评价值达到 0.684，比 2010 年升高了 4.27%。

利用线性方程 $y=ax+b$ 对 2010 年至 2020 年扬州市城市生态适宜度发展趋势进行拟合，得出方程 $y=0.022x+0.4473$，$R^2=0.9429$，相关性显著。

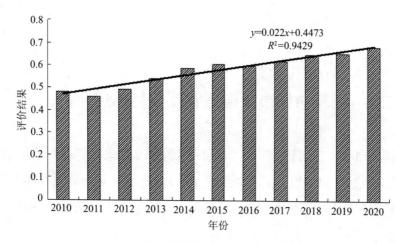

图 6-14　扬州市城市生态适宜度趋势图

第 7 章　扬州市城市生态适宜度分析

7.1　扬州市城市生态适宜度分目标层分析

扬州市城市生态适宜度评价指标体系分为建成区资源消耗与支撑（B_1）、建成区环境状况与污染负荷（B_2）、建成区效率效益（B_3）、建成区社会保障及福利安全（B_4）、市域生态支撑（B_5）五个方面。

由图 7-1 可以看出：

（1）在研究时段的初期，建成区资源消耗与支撑评价值较高，但随着时间的变化，建成区资源消耗与支撑评价结果有些波动，中间时段和最后一段（2019—2020 年）有些下降。这说明，城市的早期发展一定程度上破坏了环境，过度消耗了资源，但随着全社会环保意识的增强，这一状况有所改变。

（2）建成区环境状况与污染负荷评价值总体呈上升趋势，但是有些波动，这和环境污染的瞬时性有关，应注意环境保护的持续性与管理的有效性。

（3）建成区效率和效益指标在研究时段的初期处于"一般"的水平范围，但是随着时间的推移，该指标有所改善，建成区效率和效益成为提升城市生态适宜度的增长点。

（4）在研究时段的前期，建成区社会保障及福利安全评价结果较低，但该指标评价值增长明显，这和社会的实际情况是相符的。扬州市社会保障及福利安全指标在2010—2020年显著改善，成为提升城市生态适宜度的主要增长点。

（5）市域生态支撑指标评价值波动较大，总体略有上升。在研究时段的后期，市域生态不能给予城市足够的支撑，将成为城市发展的瓶颈。

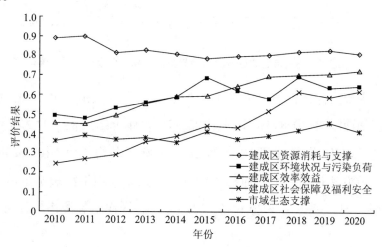

图7-1　扬州市城市生态适宜度分目标层的评价值

1. 建成区资源消耗与支撑分目标分析

建成区资源消耗与支撑（B_1）指标体系下有土地资源指标（C_1）、水资源指标（C_2）、能源指标（C_3）和绿地指标（C_4）。

根据表6-7扬州市建成区资源消耗与支撑指标体系部分作出图7-2。

由图7-2可以看出：

研究时段内，扬州市建成区土地资源指标评价值呈逐年下降的趋势，从2010年的0.898下降到2020年的0.788，下降了12.25%，但评价结果都为"好"。土地资源主要是指人均占地面积，该指标评价值下降表明由于人口的增加，人均占地面积在减少。

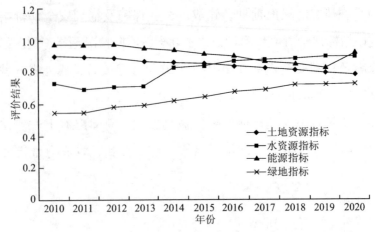

图 7-2　扬州市建成区资源消耗与支撑指标体系分目标评价值

水资源指标评价值呈波动上升的趋势，评价值由 2010 年的 0.729 上升到 2020 年的 0.895，上升了 22.77%，评价结果从"良好"变为"好"。水资源指标主要由水面面积比例、人均生活用水量构成，2010—2020 年扬州市水面面积比例变化不大，人均生活用水量从 2010 年的 68.4 t/年减少至 2020 年的 36.76 t/年，因而水资源指标评价值持续上升。

能源指标评价值波动比较大，2010—2019 年基本呈下降的趋势，但是 2020 年评价值有了提高，评价结果 2010—2020 年均为"好"。能源指标主要反映人均生活能耗，该指标值下降说明人均生活能耗上升明显，电力、石油等能耗增大。

绿地指标评价值上升明显，从 2010 至 2020 年上升了 32.79%，2010—2020 年评价结果均为"良好"。绿地指标主要反映人均园林绿地面积，该指标值上升，说明由于政府部门对城市绿化日益重视，扬州园林绿地面积有了较大的增加。

2. 建成区环境状况与污染负荷分目标分析

建成区环境状况与污染负荷（B_2）指标体系下有水环境指标（C_5）、

空气环境指标（C_6）、固废处理指标（C_7）和声环境指标（C_8）。

根据表 6-7 建成区环境状况与污染负荷指标体系部分可以作出图 7-3。

由图 7-3 可以看出：

2010—2020 年，扬州市建成区水环境指标评价值有一定的波动，但是总体呈现上升的趋势。2010—2014 年评价结果为"一般"，2015—2020 年评价结果为"良好"。水环境指标主要由建成区水环境质量指数、工业废水达标排放率、城市生活污水集中处理率、万元 GDP 的 COD 排放量构成。研究时段内，扬州市工业废水达标排放率和城市生活污水集中处理率逐年提高，万元 GDP 的 COD 排放量降低，虽然建成区水环境质量指数较低，但是总体上水环境指标在逐年变好。

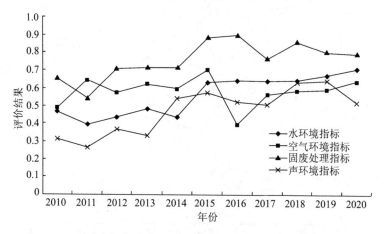

图 7-3　扬州市建成区环境状况与污染负荷指标体系分目标评价值

空气环境指标评价值有波动，但是评价结果总体处于"良好"水平，表明扬州市空气质量总体较好，但有待进一步提高。

固废指标评价值有一定幅度的上升，且波动性较大，2017 年甚至有明显下降。该指标 2010—2014 年评价结果为"良好"，2015—2020 年评价结果为"好"。固废处理指标主要由工业固废综合利用率和城市生活垃圾无害化处理率构成，该指标评价值的波动表明扬州在固体废弃

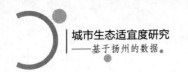
物处理方面的工作还需要加强，使工业固废综合利用率和生活垃圾无害化处理率稳步提高。

声环境指标评价值总体呈上升趋势，但是有个别年份有所下降，且研究时段内整体评价值相对较低，2010—2013 年评价结果为"一般"，2014—2020 年为"良好"。在城市的发展中，城市建设及交通工具的使用都会使噪声达标区覆盖率降低，扬州应该引起重视。

3. 建成区效率和效益分目标分析

建成区效率效益（B_3）指标体系下有经济指标（C_9）和资源利用效率指标（C_{10}）。

根据表 6-7 建成区效率效益指标体系部分可以作出图 7-4。

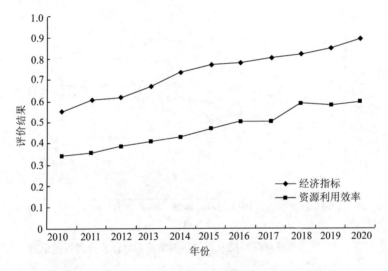

图 7-4 扬州市建成区效率和效益指标体系分目标评价值

由图 7-4 可以看出：研究时段内，扬州市建成区经济指标和资源利用效率指标评价值都呈上升趋势，评价值分别从 2010 年的 0.551 和 0.343 上升至 2020 年的 0.890 和 0.596，分别增长了 61.52% 和 73.76%。经济指标 2010—2014 年评价结果为"良好"，2015—2020 年评价结果为"好"，表明扬州市的经济发展形势良好。资源利用效率指标 2010—2015 年评价结果为"一般",2016—2020 年评价结果为"良好",表明 2010—2020 年扬州市政府在推动经济发展的同时提高了资源利用效率。

4. 建成区社会保障及福利安全分目标分析

建成区社会保障及福利安全(B_4)指标体系下有居民生活水平指标(C_{11})和社会福利安全指标(C_{12})。

根据表 6-7 建成区社会保障及福利安全指标体系部分可以作出图 7-5。

由图 7-5 可见:研究时段内,扬州市建成区居民生活水平指标和社会福利安全指标评价值上升趋势明显,居民生活水平指标和社会福利安全指标分别从 2010 年的 0.214 和 0.379 上升到 2020 年的 0.528 和 0.760。居民生活水平指标评价水平从 2010 年的"差"上升到 2020 年的"良好",其中 2010 和 2011 年评价结果都是"差",2012—2018 年评价结果为"一般",2019 年和 2020 年评价结果为"良好"。社会福利安全指标评价结果从 2010 年的"一般"上升到 2020 年的"好",其中 2014 年以前评价结果为"一般",2015—2019 年评价结果为"良好",2020 年评价结果为"好"。

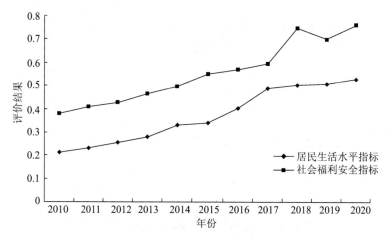

图 7-5 扬州市建成区社会保障及福利安全指标体系分目标评价值

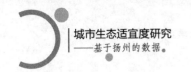
5. 市域生态支撑分目标分析

市域生态支撑（B_5）指标体系下有人力资源指标（C_{13}）、土地资源指标（C_{14}）、水资源指标（C_{15}）和能源指标（C_{16}）和环境容量指标（C_{17}）。

由表 6-7 市域生态支撑指标体系部分可以作出图 7-6。

由图 7-6 可以看出：

扬州市市域人力资源指标评价值从 2010 年的 0.148 上升到 2020 年的 0.218，评价结果均为"差"。

市域土地资源指标评价值呈缓慢下降趋势，从 2010 年的 0.616 下降到 2020 年的 0.593，评价结果都为"一般"。

市域水资源指标评价值变化不明显，从 2010 年的 0.141 变化为 2020 年的 0.158，但是评价结果都为"差"，说明市域水环境问题比较严重，应该引起足够的重视。

市域能源指标评价值 2016 年以前整体略有下降，但是 2017 年以后有上升的趋势，评价值从 2010 年的 0.395 变化为 2020 年的 0.394，评价结果都为"一般"。

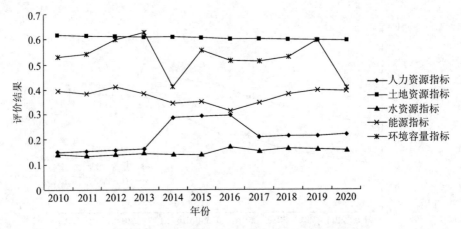

图 7-6　扬州市市域生态支撑指标体系分目标评价值

市域环境容量指标评价值波动比较大，从 2010 年的 0.529 下降至 2020 年的 0.404，2010—2013 年评价结果为"良好"，2014 年为"一般"，2015—2019 年为"良好"，2020 年又变为"一般"，波动比较大。

7.2 扬州市城市生态适宜度评价指标间的回归分析

基于第 6 章的模糊分析，本书采用回归分析的方法进一步验证适宜度评价指标的相关性，探讨指标间的相互影响及最优指标与最差指标。本研究主要考虑 C 层（准则层）与 D 层（指标层）之间一对多的回归分析和 B 层（分目标层）与 D 层（指标层）间的回归分析。

7.2.1 指标层指标原始数据的标准化处理

由于各指标的单位不相同，因此在比较和评价处理时不具有可比性。为了消除指标变量间的单位限制，将其转化为无量纲的纯数值，以便不同单位或量级的指标能够进行比较和加权，这里采用数据的标准化处理法。数据标准化处理方法中最典型的就是数据的归一化处理，即将数据统一映射到［0，1］区间上。常见的数据归一化的方法有最大值-最小值标准化、log 函数标准化、arctan 函数标准化、Z 标准化（偏差法标准化）等方法。本研究结合实际情况，选用数据归一化处理中的最大值-最小值标准化法对生态系统各指标的原始数据进行标准化处理。

1. 最大值—最小值标准化处理的公式模型

最大值—最小值标准化也叫离差标准化，是对原始数据的线性变换，使结果落到［0，1］区间，具体公式模型如下：

$$X^* = (X-\text{Min}) / (\text{Max}-\text{Min}) \tag{7-1}$$

其中，Max 为样本数据的最大值，Min 为样本数据的最小值。但是这种方法有一个缺陷，就是当有新数据加入时，可能导致 Max 和 Min 发生

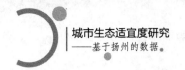

变化，需要重新计算一次 Max 和 Min。

2. 在选定的最大值—最小值标准化处理公式模型下处理 D 层各指标数据

由于数据繁多，不便逐一呈现。本研究以 B 层指标中的建成区效率效益综合评价指标（B_3）及所属 D 层 5 个指标值为例，进行最大值—最小值标准化处理。表 7-1 为原始数据，表 7-2 为标准化后的数据。

表 7-1　建成区效率效益指标（B_3）及所属 D 层 5 个指标的原始值

B_3	0.358	0.351	0.393	0.354	0.393	0.498
人均 GDP	10196.89	10841.57	11502.65	12642.65	21203.9	23177.59
人均财政收入	681.74	764.99	798.68	1063.7	1809.15	2628.05
地均 GDP	1110.1	1185.9	1263.3	1410.6	2389.7	2619.5
万元 GDP 新鲜水耗	424	421	439	456	457	411
万元 GDP 能耗	0.82	1.08	1.25	1.34	1.33	1.26
B_3	0.448	0.495	0.523	0.600	0.627	
人均 GDP	26677.63	32056.21	36537.83	43350.74	51102.83	
人均财政收入	3563.02	3937.03	5459.88	7616	10220.46	
地均 GDP	3062.8	3724.1	4311.8	5167.1	6156.3	
万元 GDP 新鲜水耗	402	354	336	328	278	
万元 GDP 能耗	1.23	1.24	1.16	0.88	0.92	

表 7-2　建成区效率效益指标（B_3）及所属 D 层 5 个指标标准化后数据

B_3	0.358	0.351	0.393	0.354	0.393	0.498
人均 GDP	0	0.0158	0.0319	0.0598	0.2691	0.3173
人均财政收入	0	0.0087	0.0123	0.0400	0.1182	0.2040
地均 GDP	0	0.0150	0.0304	0.0596	0.2536	0.2991
万元 GDP 新鲜水耗	0.8156	0.7989	0.8994	0.9944	1	0.7430
万元 GDP 能耗	0	0.5000	0.8269	1	0.9808	0.8462

续表

B₃	0.448	0.495	0.523	0.600	0.627	
人均 GDP	0.4029	0.5344	0.6440	0.8105	1	
人均财政收入	0.3021	0.3413	0.5009	0.7270	1	
人均 GDP	0.3870	0.5180	0.6345	0.8040	1	
万元 GDP 新鲜水耗	0.6927	0.4246	0.3240	0.2793	0	
万元 GDP 能耗	0.7885	0.8077	0.6539	0.1154	0.1923	

7.2.2　准则层与指标层之间的关系分析

1. 水环境综合评价指标与所属指标间的关系

用 C 层指标中的水环境综合评价指标（C_5）对所属 D 层 4 个指标值进行单因素线性回归分析，结果（表 7-3）表明，城市生活污水集中处理率（D_8）和工业废水达标排放率（D_7）对 C_5 有较大的积极影响。若生活污水集中处理率（D_8）在现有基础上改善 1%（标准化的指标值再增加 0.01），则 C_5 的值可以增加约 0.0029；若工业废水达标排放率（D_7）在现有基础上改善 1%（标准化的指标值再增加 0.01），则 C_5 的值可以增加约 0.0025。而万元 GDP 的 COD 排放量（D_9）对水环境综合评价指标（C_5）存在负性影响，若 D_9 在现有基础上再改善 1%（标准化的指标值再减少 0.01），则 C_5 的值则可增加约 0.0020。

表 7-3　水环境综合评价指标（C_5）与下层各指标（D_i）的相关分析结果

Y（C_5）	A（常数项）	X（D_i）	B（系数）	R^2
	0.40359	工业废水达标排放率（D_7）	0.25004	0.9026
	0.38523	城市生活污水集中处理率（D_8）	0.28953	0.7900
	0.64799	万元 GDP 的 COD 排放量（D_9）	−0.19652	0.3936

$R^2_{0.05} = 0.3626$，$R^2_{0.01} = 0.5408$

注：决定系数 R^2 是一个回归直线与样本观测值拟合优度的相对指标，反映因变量的变异中能用自变量解释的比例，其数值在 0 至 1 之间，可以用百分数表示。如果决定系数接近 1，说明因变量不确定性的绝大部分能用回归曲线解释，回归方程拟合优度好，反之亦然。

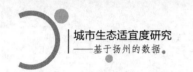

考虑到各因素之间的相互影响，运用逐步回归分析方法得到的回归方程如下：

$$Y = 0.3773 + 0.04427X_1 + 0.1591X_2 + 0.1242X_3 - 0.01913X_4 \quad (7\text{-}2)$$

$$R^2 = 0.9990^{**} \quad (P_1 = 0.95, \; P_2 = 0.90)$$

式中：Y 为水环境综合评价指标（C_5）；X_1 为水环境质量指数（D_6）；X_2 为工业废水达标排放率（D_7）；X_3 为城市生活污水集中处理率（D_8）；X_4 为万元 GDP 的 COD 排放量（D_9）。

从式（7-2）中也可以看出，工业废水达标排放率（D_7）和城市生活污水集中处理率（D_8）对水环境综合评价指标的影响较大。未来几年，扬州市若能进一步改善工业废水达标排放率（D_7）、城市生活污水集中处理率（D_8）指标，则可较大幅度地提高水环境综合指标的评价值。其中，应优先考虑提高工业废水达标排放率（D_7）指标值。

2. 空气环境综合评价指标与所属指标间的关系

用 C 层指标中的空气环境综合评价指标（C_6）对所属 D 层 2 个指标值进行单因素线性回归分析，结果（表 7-4）表明，空气质量良好天数达标率（D_{10}）对 C_6 有较大的积极影响。若空气质量良好天数达标率（D_{10}）在现有基础上再改善 1%（标准化的指标值再增加 0.01），则 C_6 的值可以增加约 0.0022。

表 7-4 空气环境综合评价指标（C_6）与下层各指标（D_i）的相关分析结果

Y（C_6）	A（常数项）	X（D_i）	B（系数）	R^2
	0.42636	空气质量良好天数达标率（D_{10}）	0.21592	0.5122

$R^2_{0.05} = 0.3626$，$R^2_{0.01} = 0.5408$

考虑到各因素之间的相互影响，运用逐步回归分析方法得到的回归方程如下：

$$Y = 0.3990 + 0.3490X_1 - 0.2310X_2 \qquad (7\text{-}3)$$

$$Se = 0.0141$$

$$R^2 = 0.9776^{**} \qquad (P_1 = 0.95,\ P_2 = 0.90)$$

式中：Y 代表空气环境综合评价指标（C_6）；X_1 代表空气质量良好天数达标率（D_{10}）；X_2 代表万元 GDP 的 SO_2 排放量（D_{11}）。

从式（7-3）中也可以看出，空气质量良好天数达标率（D_{10}）和万元 GDP 的 SO_2 排放量（D_{11}）指标对空气环境综合评价指标的影响均较大。未来几年，扬州若能进一步提高空气质量良好天数达标率（D_{10}）、降低万元 GDP 的 SO_2 排放量（D_{11}），则能较大幅度地提高空气环境综合指标的评价值。其中，应优先考虑提高空气质量良好天数达标率（D_{10}）指标值。

3. 固废处理综合评价指标与所属指标间的关系

用 C 层指标中的固废处理综合评价指标（C_7）对所属 D 层 2 个指标值进行单因素线性回归分析，结果（表 7-5）表明，工业固废综合利用率（D_{12}）和城市生活垃圾无害化处理率（D_{13}）对 C_7 均有较大的积极影响。若工业固废综合利用率（D_{12}）在现有基础上再改善 1%（标准化的指标值再增加 0.01），则 C_7 的值可以增加约 0.0026；若城市生活垃圾无害化处理率（D_{13}）在现有基础上再改善 1%（标准化的指标值再增加 0.01），则 C_7 的值可以增加约 0.0029。

表 7-5　固废处理综合评价指标（C_7）与下层各指标（D_i）的相关分析结果

Y（C_7）	A（常数项）	X（D_i）	B（系数）	R^2
	0.63932	工业固废综合利用率（D_{12}）	0.26007	0.6974
	0.51423	城市生活垃圾无害化处理率（D_{13}）	0.29435	0.6605

$R^2_{0.05} = 0.3626$，$R^2_{0.01} = 0.5408$

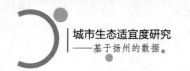
考虑到各因素之间的相互影响，运用逐步回归分析方法得到的回归方程如下：

$$Y = 0.4937 + 0.1936X_1 + 0.2124X_2 \qquad (7\text{-}4)$$

$$Se = 0.0076$$

$$R^2 = 0.9959^{**} \qquad (P_1 = 0.95,\ P_2 = 0.90)$$

式中：Y 代表固废处理综合评价指标（C_7）；X_1 代表工业固废综合利用率（D_{12}）；X_2 代表城市生活垃圾无害化处理率（D_{13}）。

从式（7-4）中可以看出，城市生活垃圾无害化处理率（D_{13}）和工业固废综合利用率（D_{12}）对固废综合评价指标的影响较大。未来几年，扬州若能进一步改善城市生活垃圾无害化处理率（D_{13}）和工业固废综合利用率（D_{12}），则可较大幅度地提高固废处理综合指标的评价值。其中，应优先考虑提高城市生活垃圾无害化处理率（D_{13}）。

4. 经济效益综合评价指标与所属指标间的关系

用 C 层指标中的经济效益综合评价指标（C_9）对所属 D 层 2 个指标值进行单因素线性回归分析，结果（表 7-6）表明，人均 GDP（D_{15}）和人均财政收入（D_{16}）对 C_9 有较大的积极影响。若人均 GDP（D_{15}）在现有基础上再改善 1%（标准化的指标值再增加 0.01），则 C_9 的值将可增加约 0.0045；若人均财政收入（D_{16}）在现有基础上再改善 1%（标准化的指标值再增加 0.01），则 C_9 的值可以增加约 0.0045。

表 7-6　经济效益综合评价指标（C_9）与下层各指标（D_i）的相关分析结果

Y（C_9）	A（常数项）	X（D_i）	B（系数）	R^2
	0.36409	人均 GDP（D_{15}）	0.45388	0.7554
	0.37904	人均财政收入（D_{16}）	0.44757	0.7467

$R^2_{0.05} = 0.3626$，$R^2_{0.01} = 0.5408$

考虑到各因素之间的相互影响，运用逐步回归分析方法得到的回归方程如下：

$$Y = 0.3641 + 0.4539X \qquad (7\text{-}5)$$

$$Se = 0.0888$$

$$R^2 = 0.7554^{**} \qquad (P_1 = 0.95, \ P_2 = 0.90)$$

式中：Y 代表经济效益综合评价指标（C_9）；X 代表人均 GDP（D_{15}）。

从式（7-5）中可以看出，人均 GDP（D_{15}）对经济综合效益评价指数的影响较大。未来几年，扬州若能进一步改善人均 GDP 指标（D_{15}），则可较大幅度地提高经济效益指标的评价值。

5. 资源利用效率综合评价指标与所属指标间的关系

用 C 层指标中的资源利用效率综合评价指标（C_{10}）对所属 D 层 3 个指标值进行单因素线性回归分析，结果（表 7-7）表明，地均 GDP（D_{17}）对 C_{10} 有较大的积极影响，若地均 GDP（D_{17}）在现有基础上再改善 1%（标准化的指标值再增加 0.01），则 C_{10} 的值可以增加约 0.0026；万元 GDP 新鲜水耗（D_{18}）对资源利用效率综合评价指标（C_{10}）具有负性影响，若 D_{18} 在现有基础上再改善 1%（标准化的指标值再减少 0.01），则 C_{10} 的值可增加约 0.0023。

表 7-7　资源利用效益综合评价指标（C_{10}）与下层各指标（D_i）的相关分析结果

Y（C_{10}）	A（常数项）	X（D_i）	B（系数）	R^2
	0.37695	地均 GDP（D_{17}）	0.26144	0.9045
	0.61434	万元 GDP 新鲜水耗（D_{18}）	−0.23231	0.7421

$R^2_{0.05} = 0.3626$，$R^2_{0.01} = 0.5408$

考虑到各因素之间的相互影响，运用逐步回归分析方法得到的回归方程如下：

$$Y = 0.3770 + 0.2614X \qquad (7\text{-}6)$$

$$Se = 0.0288$$

$$R^2 = 0.9045^{**} \qquad (P_1 = 0.95, \ P_2 = 0.90)$$

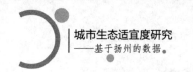
式中：Y 代表资源利用效率指标（C_{10}）；X 代表地均 GDP（D_{17}）。

从式（7-6）中可以看出，地均 GDP（D_{17}）对资源利用效率综合评价指标的影响较大。未来几年，扬州若能进一步改善地均 GDP 指标（D_{17}），则可较大幅度地提高资源利用效率指标的评价值。

6. 居民生活水平综合评价指标与所属指标间的关系

用 C 层指标中的居民生活水平综合评价指标（C_{11}）对所属 D 层 3 个指标值进行单因素线性回归分析，结果（表 7-8）表明，居民人均可支配收入（D_{20}）、城乡居民人均收入比（D_{21}）和人均住房面积（D_{22}）对 C_{11} 均有较大的积极影响。若居民人均可支配收入（D_{20}）在现有基础上再改善 1%（标准化的指标值再增加 0.01），则 C_{11} 的值可增加约 0.0033；若城乡居民人均收入比（D_{21}）在现有基础上再改善 1%（标准化的指标值再增加 0.01），则 C_5 的值可增加约 0.0033；若人均住房面积（D_{22}）在现有基础上再改善 1%（标准化的指标值再增加 0.01），则 C_{11} 的值可以增加约 0.0036。

表 7-8　居民生活水平综合评价指标（C_{11}）与下层各指标（D_i）的相关分析结果

Y（C_{11}）	A（常数项）	X（D_i）	B（系数）	R^2
	0.2602	居民人均可支配收入（D_{20}）	0.33348	0.8654
	0.26277	城乡居民 人均收入比（D_{21}）	0.33112	0.8626
	0.244	人均住房面积（D_{22}）	0.35510	0.8054

$R^2_{0.05} = 0.3626$，$R^2_{0.01} = 0.5408$

考虑到各因素之间的相互影响，运用逐步回归分析方法得到的回归方程如下：

$$Y = 0.2602 + 0.3335X \tag{7-7}$$

$$Se = 0.0462$$

$$R^2 = 0.8654^{**} \qquad (P_1 = 0.95,\ P_2 = 0.90)$$

式中：Y 代表居民生活水平综合评价指标（C_{11}）；X 代表居民人均可支配收入（D_{20}）。

从式（7-7）中可以看出，居民人均可支配收入（D_{20}）对居民生活水平综合评价指标的影响较大。未来几年，扬州若能进一步提高居民人均可支配收入指标（D_{20}）值，则可较大幅度地提高居民生活水平综合指标的评价值。

7. 社会福利安全综合评价指标与所属指标间的关系

用 C 层指标中的社会福利安全综合评价指标（C_{12}）对所属 D 层 5 个指标值进行单因素线性回归分析，结果（表 7-9）表明，环保投资占 GDP 的比重（D_{23}）、人均避难场所用地（D_{26}）、人均城市道路面积（D_{25}）和万人平均拥有病房数（D_{24}）对 C_{12} 均有较大的积极影响。若环保投资占 GDP 的比重（D_{23}）在现有基础上再改善 1%（标准化的指标值再增加 0.01），则 C_{12} 的值可以增加约 0.0039；若人均避难场所用地（D_{26}）在现有基础上再改善 1%（标准化的指标值再增加 0.01），则 C_{12} 的值可以增加约 0.0029；若人均城市道路面积（D_{25}）在现有基础上再改善 1%（标准化的指标值再增加 0.01），则 C_{12} 的值可以增加约 0.0029；若万人平均拥有病房数（D_{24}）在现有基础上再改善 1%（标准化的指标值再增加 0.01），则 C_{12} 的值可以增加约 0.0031。

表 7-9　社会福利安全综合评价指标（C_{12}）与下层各指标（D_i）的相关分析结果

Y（C_{12}）	A（常数项）	X（D_i）	B（系数）	R^2
	0.42195	环保投资占 GDP 的比重（D_{23}）	0.38697	0.9245
	0.44577	人均避难场所用地（D_{26}）	0.28989	0.8809
	0.40231	人均城市道路面积（D_{25}）	0.28817	0.8301
	0.46102	万人平均拥有病房数（D_{24}）	0.30592	0.7291

$R_{0.05}^2 = 0.3626$，$R_{0.01}^2 = 0.5408$

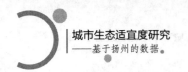
考虑到各因素之间的相互影响，运用逐步回归分析方法得到的回归方程如下：

$$Y = 0.4006 + 0.2601X_1 + 0.1247X_2 \qquad (7\text{-}8)$$

$$Se = 0.0194$$

$$R^2 = 0.9806^{**} \qquad (P_1 = 0.95,\ P_2 = 0.90)$$

式中：Y 代表社会福利安全综合评价指标（C_{12}）；X_1 代表环保投资占 GDP 的比重（D_{23}）；X_2 代表人均城市道路面积（D_{25}）。

从式（7-8）中可以看出，环保投资占 GDP 的比重（D_{23}）和人均城市道路面积（D_{25}）对社会福利安全综合评价指标的影响较大。未来几年，扬州若能进一步改善环保投资占 GDP 的比重指标（D_{23}）和人均城市道路面积指标（D_{25}），则可较大幅度地提高社会福利安全综合指标的评价值。其中，应优先考虑提高环保投资占 GDP 的比重。

8. 能源综合评价指标与所属指标间的关系

用 C 层指标中的能源综合评价指标（C_{16}）对所属 D 层 2 个指标值进行单因素线性回归分析，结果（表 7-10）表明，全市人均初级生物能（D_{31}）对 C_{16} 有较大的积极影响。若全市人均初级生物能（D_{31}）在现有基础上再改善 1%（标准化的指标值再增加 0.01），则 C_{16} 的值可以增加约 0.0010。

表 7-10　能源综合评价指标（C_{16}）与下层各指标（D_i）的相关分析结果

Y（C_{16}）	A（常数项）	X（D_i）	B（系数）	R^2
	0.31262	全市人均初级生物能（D_{31}）	0.09556	0.9994

$R^2_{0.05} = 0.3626,\ R^2_{0.01} = 0.5408$

考虑到各因素之间的相互影响，运用逐步回归分析方法得到的回归方程如下：

$$Y = 0.3118 + 0.0954X_1 + 0.0019X_2 \qquad (7\text{-}9)$$

$$Se = 0.0003$$

$$R^2 = 0.9999^{**} \qquad (P_1 = 0.95,\ P_2 = 0.90)$$

式中：Y 代表能源综合评价指标（C_{16}）；X_1 代表全市人均初级生物能（D_{31}）；X_2 代表全市人均自然非生物能（D_{32}）。

从式（7-9）中可以看出，全市人均初级生物能（D_{31}）对能源综合评价指标的影响较大。未来几年，扬州若能进一步改善全市人均初级生物能指标（D_{31}），则可较大幅度地提高能源综合指标的评价值。

7.2.3　分目标层与指标层之间的关系分析

1. 建成区资源消耗支撑评价指标和所属指标间的关系

通过 SPSS 软件得知，显著性检验 $P = 0.1$ 时，若 $R_{0.1}^2 < 0.4657$，则该回归方程在 $P = 0.1$ 时显著。在相同的显著水平下，各指标的影响力由各指标的偏回归系数的绝对值决定，一般表现为正相关关系。将 B 层指标中的建成区资源消耗与支撑评价指标（B_1）对所属 D 层 5 个指标值进行多因素线性回归分析，结果（表 7-11）表明，人均占地面积（D_1）、人均园林绿地面积（D_5）、人均生活用水量（D_3）对建成区资源消耗与支撑评价指标（B_1）具有较大积极影响。若人均园林绿地面积（D_5）在现有基础上再改善 1%（标准化的指标值再增加 0.01），则 B_1 的值可以增加约 0.0029；若人均占地面积（D_1）在现有基础上再改善 1%（标准化的指标值再增加 0.01），则 B_1 的值可以增加约 0.0021；若人均生活用水量（D_3）指标在现有基础上再改善 1%（标准化的指标值再增加 0.01），则 B_1 的值可以增加约 0.0011。而人均生活能耗（D_4）对建成区资源消耗与支撑评价指标（B_1）具有负性影响，若 D_4 在现有基础上再改善 1%（标准化的指标值再减少 0.01），则 B_1 的值可增加约 0.0003。

表 7-11　建成区资源消耗与支撑指标（B_1）与下层各指标（D_i）的多元分析结果

Y（B_1）	A（常数项）	X（D_i）	B（系数）	R^2
		人均占地面积（D_1）	0.2105	
	0.37663	人均生活用水量（D_3）	0.1051	0.4657
		人均生活能耗（D_4）	−0.0276	
		人均园林绿地面积（D_5）	0.2902	

$R_{0.1}^2 = 0.4508$

注：B_1 代表建成区资源消耗与支撑，A 代表常数项，X 代表自变量，B 代表偏系数。

2. 建成区环境状况与污染负荷评价指标和所属指标间的关系

用 B 层指标中的建成区环境状况与污染负荷综合评价指标（B_2）对所属 D 层 9 个指标值进行多因素线性回归分析，结果（表 7-12）表明：噪声达标区覆盖率（D_{14}）、城市生活污水集中处理率（D_8）、工业固废综合利用率（D_{12}）、城市生活垃圾无害化处理率（D_{13}）和工业废水达标排放率（D_7）对 B_2 有较大的积极影响。若噪声达标区覆盖率（D_{14}）在现有基础上再改善 1%（标准化的指标值再增加 0.01），则 B_2 的值将可以增加约 0.0019；若城市生活污水集中处理率（D_8）在现有基础上再改善 1%（标准化的指标值再增加 0.01），则 B_2 的值可以增加约 0.0018；若工业固废综合利用率（D_{12}）在现有基础上再改善 1%（标准化的指标值再增加 0.01），则 B_2 的值可以增加约 0.0016；若城市生活垃圾无害化处理率（D_{13}）在现有基础上再改善 1%（标准化的指标值再增加 0.01），则 B_2 的值可以增加约 0.0018；若工业废水达标排放率（D_7）在现有基础上再改善 1%（标准化的指标值再增加 0.01），则 B_2 的值可以增加约 0.0012。万元 GDP 的 SO_2 排放量（D_{11}）对建成区环境状况与污染负荷综合评价指标（B_2）具有负性影响，若 D_{11} 在现有基础上再改善 1%（标准化的指标值再减少 0.01），则 B_2 的值可增加约 0.0018。

表 7-12 建成区环境状况与污染负荷指标（B_2）与下层各指标（D_i）的相关分析结果

Y（B_2）	A（常数项）	X（D_i）	B（系数）	R^2
	0.4735	噪声达标区覆盖率（D_{14}）	0.1890	0.8537
	0.4854	城市生活污水集中处理率（D_8）	0.1803	0.7590
	0.5178	工业固废综合利用率（D_{12}）	0.1639	0.5943
	0.6452	万元 GDP 二氧化硫排放量（D_{11}）	−0.1845	0.5553
	0.4444	城市生活垃圾无害化处理率（D_{13}）	0.1789	0.5236
	0.5186	工业废水达标排放率（D_7）	0.1205	0.5192

$R_{0.05}^2 = 0.3626$，$R_{0.01}^2 = 0.5408$

考虑到各因素之间的相互影响，运用逐步回归分析方法得到的回归方程如下：

$$Y = 0.4660 + 0.0741X_1 + 0.1472X_2 \qquad (7\text{-}10)$$

$$Se = 0.0211$$

$$R^2 = 0.9331^{**} \qquad (P_1 = 0.95, \ P_2 = 0.90)$$

式中：Y 代表建成区环境状况与污染负荷指标（B_2）；X_1 代表工业废水达标排放率（D_7）；X_2 代表噪声达标区覆盖率（D_{14}）。

从式（7-10）中可以看出，工业废水达标排放率（D_7）和噪声达标区覆盖率（D_{14}）对建成区环境状况与污染负荷综合评价指标的影响较大。未来几年，扬州若能进一步改善噪声达标区覆盖率（D_{14}）和工业废水达标排放率（D_7）指标，则可较大幅度地提高建成区环境与污染负荷指标评价值。其中，应优先考虑提高噪声达标区覆盖率指标（D_{14}）。

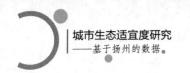

3. 建成区效率和效益综合评价指标与所属指标间的关系

用 B 层指标中的建成区效率和效益综合评价指标（B_3）对所属 D 层 5 个指标值进行多因素线性回归分析，结果（表 7-13）表明，人均财政收入（D_{16}）、人均 GDP（D_{15}）、地均 GDP（D_{17}）对 B_3 有较大的积极影响。若人均财政收入（D_{16}）在现有基础上再改善 1%（标准化的指标值再增加 0.01），则 B_3 的值将可以增加约 0.0029；若人均 GDP（D_{15}）在现有基础上再改善 1%（标准化的指标值再增加 0.01），则 B_3 的值可以增加约 0.0029；若地均 GDP（D_{17}）在现有基础上再改善 1%（标准化的指标值再增加 0.01），则 B_3 的值可以增加约 0.0029。万元 GDP 新鲜水耗（D_{18}）对建成区效率和效益综合评价指标（B_3）具有负性影响，若 D_{18} 在现有基础上再改善 1%（标准化的指标值再减少 0.01），则 B_3 的值可增加约 0.0027。

表 7-13　建成区效率和效益指标（B_3）与下层各指标（D_i）的相关分析结果

Y（B_3）	A（常数项）	X（D_i）	B（系数）	R^2
	0.37383	人均财政收入（D_{16}）	0.28511	0.9089
	0.36503	人均 GDP（D_{15}）	0.28690	0.9055
	0.35800	地均 GDP（D_{17}）	0.29056	0.9050
	0.63228	万元 GDP 新鲜水耗（D_{18}）	−0.27467	0.8404

$R^2_{0.05} = 0.3626$，$R^2_{0.01} = 0.5408$

注：Y 代表建成区效率效益，A 代表常数项，X 代表自变量，B 代表偏系数。

考虑到各因素之间的相互影响，运用逐步回归分析方法得到的回归方程如下：

$$Y = 0.3738 + 0.2851X \qquad (7\text{-}11)$$

$$Se = 0.0313$$

$$R^2 = 0.9089^{**} \qquad (P_1 = 0.95，P_2 = 0.90)$$

式中：Y 代表建成区效率和效益（B_3）；X 代表人均财政收入（D_{16}）。

从式（7-11）中可以看出，人均财政收入（D_{16}）对建成区效率和效益综合评价指标的影响较大。未来几年，扬州若能进一步改善人均财政收入指标（D_{16}），则可较大幅度地提高建成区效率和效益指标评价值。

4. 建成区社会保障及福利安全综合评价指标和所属指标间的关系

用 B 层指标中的建成区社会保障及福利安全综合评价指标（B_4）对所属 D 层 8 个指标值进行多因素线性回归分析，结果（表 7-14）表明，居民人均可支配收入（D_{20}）、城乡居民人均收入比（D_{21}）、环保投资占 GDP 的比重（D_{23}）、人均住房面积（D_{22}）和万人平均拥有病房数（D_{24}）对 B_4 均有较大的积极影响。若居民人均可支配收入（D_{20}）在现有基础上再改善 1%（标准化的指标值再增加 0.01），则 B_4 的值可以增加约 0.0037；若城乡居民人均收入比（D_{21}）在现有基础上再改善 1%（标准化的指标值再增加 0.01），则 B_4 的值可以增加约 0.0037；若环保投资占 GDP 的比重（D_{23}）在现有基础上再改善 1%（标准化的指标值再增加 0.01），则 B_4 的值可以增加约 0.0039；若人均住房面积（D_{22}）在现有基础上再改善 1%（标准化的指标值再增加 0.01），则 B_4 的值可以增加约 0.0040；若万人平均拥有病房数（D_{24}）在现有基础上再改善 1%（标准化的指标值再增加 0.01），则 B_4 的值可以增加约 0.0030。

表 7-14　建成区社会保障及福利安全指标（B_4）与下层各指标（D_i）的相关分析结果

Y（B_4）	A（常数项）	X（D_i）	B（系数）	R^2
	0.30677	居民人均可支配收入（D_{20}）	0.37278	0.8981
	0.30973	城乡居民 人均收入比（D_{21}）	0.36990	0.8940

Y（B_4）	A（常数项）	X（D_i）	B（系数）	R^2
	0.30497	环保投资占 GDP 的比重（D_{23}）	0.39439	0.8626
	0.28785	人均住房面积（D_{22}）	0.40049	0.8508
	0.34816	万人平均拥有病房数（D_{24}）	0.29942	0.6275

$R^2_{0.05} = 0.3626$，$R^2_{0.01} = 0.5408$

考虑到各因素之间的相互影响，运用逐步回归分析方法得到的回归方程如下：

$$Y = 0.2800 + 0.2128X_1 + 0.1614X_2 \qquad (7\text{-}12)$$

$$Se = 0.0268$$

$$R^2 = 0.9666^{**} \qquad (P_1 = 0.95, \ P_2 = 0.90)$$

式中：Y 代表建成区社会保障及福利安全（B_4）；X_1 代表居民人均可支配收入（D_{20}）；X_2 代表人均城市道路面积（D_{25}）。

从式（7-12）中可以看出，居民人均可支配收入（D_{20}）和人均城市道路面积（D_{25}）对建成区社会保障及福利安全综合评价指标的影响较大。未来几年，扬州若能进一步改善居民人均可支配收入指标（D_{20}）和人均城市道路面积指标（D_{25}），则可较大幅度地提高建成区社会保障及福利安全指标的评价值。其中，应优先考虑提高居民人均可支配收入指标（D_{20}）值。

5. 市域生态支撑综合评价指标和所属指标间的关系

用 B 层指标中的市域生态支撑综合评价指标（B_5）对所属 D 层 6 个指标值进行多因素线性回归分析，结果（表 7-15）表明，建成区人口占全市人口比例（D_{27}）对 B_5 有较大的积极影响。若建成区人口占全市人口比例（D_{27}）在现有基础上再改善 1%（标准化的指标值再增加 0.01），则 B_5 的值可以增加约 0.0006。全市人均自然非生物能（D_{32}）

和全市人均耕地面积（D_{28}）对市域生态支撑综合评价指标（B_5）具有负性影响，若 D_{32} 在现有基础上再改善 1%（标准化的指标值再减少 0.01），则 B_5 的值可增加约 0.0007；若 D_{28} 在现有基础上再改善 1%（标准化的指标值再减少 0.01），则 B_5 的值可增加约 0.0006。

表 7-15　市域生态支撑综合评价指标（B_5）与下层各指标（D_i）的相关分析结果

Y（B_5）	A（常数项）	X（D_i）	B（系数）	R^2
	0.41576	全市人均自然非生物能（D_{32}）	−0.06634	0.5183
	0.41085	全市人均耕地面积（D_{28}）	−0.06312	0.4590
	0.34751	建成区人口占全市人口比例（D_{27}）	0.06154	0.4411

$R^2_{0.05} = 0.3626$，$R^2_{0.01} = 0.5408$

考虑到各因素之间的相互影响，运用逐步回归分析方法得到的回归方程如下：

$$Y = 0.4158 - 0.0663X \tag{7-13}$$

$$Se = 0.0237$$

$$R^2 = 0.5183^* \qquad (P_1 = 0.95，P_2 = 0.90)$$

式中：Y 代表市域生态支撑综合评价指标（B_5）；X 代表全市人均自然非生物能（D_{32}）。

从式（7-13）中可以看出，全市人均自然非生物能（D_{32}）对市域生态支撑综合评价指标的影响较大。在未来几年，扬州若能进一步改善全市人均自然非生物能指标（D_{32}），则可较大幅度地提高市域生态支撑指标的评价值。

第 **8** 章 扬州市城市生态发展策略研究

扬州的生态城市建设正朝着预期的目标迈进，但是在发展过程中依然存在很多问题。本章主要根据扬州市城市生态适宜度的评价结果及群众生态意识调查结果，总结扬州市城市生态发展中的一些问题。

8.1 扬州市城市生态发展中存在的问题

1. 城市生活能耗过大，能源自给能力不足

由城市生态适宜度评价结果可知，当前扬州市城市居民生活能耗较大，该指标评价结果处于"一般"和"差"的等级水平。生活用电能耗是居民生活能耗的主要构成部分。由于空调等高耗能电器的普及，居民用电能耗显著增加，同时由于空调使用具有季节性，因此夏、冬季供电部门维持电能供需平衡的难度不断增大。随着家庭汽车拥有量的不断增加，汽油、柴油等车用燃料消耗成为城市居民生活能耗的重要组成部分。

扬州本地的能源产量并不大，江苏省也非产能大省，因此扬州市城市发展所需煤炭、石油等能源主要依靠外部市场供给，并且扬州市的自然非生物能（风能、水能、太阳能）资源量相对较低，评价结果为

"差"。这就表明，扬州的能源自给能力严重不足，应该引起足够的重视。

2. 经济发展结构有待优化升级

目前，扬州市的产业结构仍以传统产业为主，虽然化工、机械制造等传统行业总体规模较大，但是各类企业生产经营规模小，专业化程度低，中间产品自制率高，劳动生产力低，这种状况不仅增加了生产成本，而且降低了生产效率，使得城市整体经济效益低下，经济发展可持续能力不强。

传统的化工、机械制造等行业易产生大量 SO_2 等污染物，并消耗大量的新鲜水资源。SO_2 排放是酸雨的重要成因，而酸雨会对城市生活、生产及环境产生十分恶劣的影响。同时，扬州并不属于水资源量丰富的地区，人均水资源量不高，高水耗的产业会占用部分生活用水，给居民的生活带来不便。因此，2010—2020 年扬州市万元 GDP 的 SO_2 排放量和万元 GDP 新鲜水耗评价结果总体为"差"，可以说很不理想。

3. 城市水、声、空气环境质量不高，绿地面积不足

评价结果显示，扬州市城市水环境质量不高，主要原因在于工业发展、城市建设及城市郊区农业生产中产生的大量污废水没有得到有效处理，这些未经处理的污废水与水体接触后造成了严重的水污染。扬州是一个旅游城市，虽然近几年为了改善城市水环境，政府部门做了很多工作，也投入了相当大的精力，但是污染问题依然严峻。

扬州市城市噪声污染防治存在的主要问题：筑路建桥带来的交通运输噪声问题越来越严重；大规模城建引发的建筑施工噪声有增无减；商业活动产生的社会生活噪声"遍地开花"；规划不合理使原本安静的社区变得越来越喧闹。

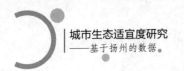
扬州市城市空气污染防治存在的主要问题：城市工业布局不合理，工业区与居民区之间缺乏科学合理的过渡区域，主要废气污染源处在城市主导风向上游，工业企业排放的 SO_2 约有90%集中在城区 50 km^2 范围内，超出了城区大气环境容量，城市空气中 SO_2 日均浓度超过国家二级标准。少数企业产生的废气不能稳定达标排放，事故性排放时有发生，在大气扩散条件差等不利情况下，加剧了空气环境污染。

评价结果显示，2010—2020年扬州市人均园林绿地面积指标持续改善，但是问题还很多，如公共绿地面积不足，人均避难场所不够等，绿地环境也亟待改善。

4. 居民居住条件有待改善，人民生活水平有待提高

人均住房面积是衡量居住质量最重要的指标。尽管扬州市城市居民的住房状况已经发生了翻天覆地的变化，得到了极大的改善，但仍存在一些问题。首先是房价过高，主要原因有二：一是城市改善住房需求增大和投资需求增大影响了供需关系；二是土地成本大幅增长。上涨过快的房价，抑制了中低收入家庭改善住房条件的需求，也对居民整体住房状况的改善有一定的影响。虽然政府部门一直在加大住房保障的力度，但是低收入家庭住房条件的改善相对于住房建设的发展显得较为缓慢。其次是居民住房条件有待改善，在售房源中中小户型住房和中低价商品房的比重偏低。尽管国家对此制定了相应政策，也取得了一定效果，但是此类房源供应仍然显得滞后与不足。

扬州市居民生活水平提高不快，生活水平指标评价值多年处于"一般"的水平，主要问题在于：① 低收入家庭收入增长缓慢，城乡居民收入差距扩大，具体表现如下：不同收入阶层收入差距呈扩大态势，城镇居民与农村居民收入差距进一步加大；城区低收入家庭与高收入家庭的收入差距也进一步增大。② 消费品价格特别是食品类价格持续走高。高收入家庭和低收入家庭的消费方式明显不同：高收入

家庭以享受型消费为主，而低收入家庭仍以最基本的吃住型消费为主。食品类消费品价格的上涨给低收入家庭生活增添了较大的压力，直接影响低收入家庭的生活水平和质量，导致低收入阶层生活水平下降。

5. 环保投入不高，政府环保部门执法力度不强

目前，扬州市对于环境保护的投入明显不足，环境基础设施建设落后，环保机构设置滞后，环保队伍自身建设未跟上形势需要，缺乏有效的方式解决环境污染问题。环保部门财政拨款较少，环境监测、监理设备老化，环保执法装备和方式落后。同时，环保投入的不足导致企业治理能力削弱。

对扬州市城市居民环保意识调查的结果显示，居民若碰到环境污染问题影响自己生活的情况，更多地选择自己去找污染企业或个人评理、索赔，而不是求助于环保部门。由此可见，政府环保部门的影响力还不够大，环保执法力度还不够强。

6. 环保宣传不够，群众环保意识不浓

扬州市城市居民环保意识调查结果表明，居民的环保意识与环保行为存在比较大的问题，主要体现在：第一，公民自觉环保的意识差，很多人对污染环境的行为及做法无动于衷，在不涉及自身利益的时候很少主动对污染行为提出异议；第二，居民对环保知识的了解不多，对环保的重要性的认识也不深刻；第三，少部分居民包括市场管理者环保素质较低，只顾眼前利益，不顾长远利益。

政府对环保的宣传力度与居民的环保意识紧密相关，二者是相辅相成的。居民环保意识不浓，说明政府对环保的宣传力度明显不够。

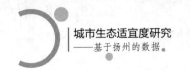
8.2 扬州市城市生态发展策略研究

1. 降低生活能耗，构建节约型社会

扬州市城市生态适宜度评价结果显示，2010—2020年扬州市城市人均生活能耗整体呈上升趋势（2020年有所下降），因此构建节约型社会是目前城市生态发展的主要目标。

针对居民生活能耗中的电力消耗问题，首先，必须制定合理的电价形成机制。为缩小用电峰谷差，目前扬州已经实施了分时电价制度和阶梯电价制度，未来还可以推行季节电价制。阶梯电价制就是设定不同的电价等级，对维持日常生活必需的用电量设定较低电价，对超出部分的用电量则提高单价，这样不仅可以促进能源节约，而且不会对低收入群体的日常生活产生影响。季节电价制则是指在夏季用电高峰提高用电单价，以缩小季节性用电峰谷差。其次，要加大对耗能电器的管理力度，建立能效标识和能效市场准入标准，大力推广低能耗产品，不断提高耗能产品的能效等级。

针对车用燃料的消耗问题，目前，在国家还没有出台资源税、拥挤税等经济机制前，扬州可以制定地方性税费政策，一方面提高私家车的上路成本，另一方面倒逼汽车生产商创新与发展节能降耗技术。同时，大力发展公共交通，使公共交通真正方便居民出行。只有多管齐下，才能扭转车用燃油消耗逐年增长的局面。

自然非生物能指标低，意味着扬州能源市场先天不足，大部分依赖外部输入，因此构建节约型社会对于扬州市城市发展至关重要。要构建节约型社会，首先要倡导绿色消费，改变人们传统的消费模式。市民要优先选购环保、质量好、包装简单的产品，使用布袋子、菜篮子购物；要尽量选择公交、步行、骑自行车等出行方式，把环保落实到日常生活中。政府要采取各种措施引导绿色消费，让市民亲身感受到生态环境保护带来的好处，营造良好的道德环境，并制定合理的制度规范环境行为；应尝试并鼓励在工厂、包装公司、零售商、消费者之间建立废弃包装物的回收系统；应建立绿色采购计划，使用绿色环保产品，节约水电和日常办公用品，建设节约型政府。

2. 加快发展新型经济，提倡清洁生产

扬州在大力发展经济的同时，应注重调整产业结构和产业布局，促进产业结构的合理化和高级化。

要着重发展以太阳能光伏、半导体照明、高性能碳纤维为代表的新能源、新光源、新材料等"三新产业"，重点发展清洁能源产业，依靠科技进步，将科学技术与企业、产业相结合，通过创新引擎拉动扬州新一轮经济增长。

要推行清洁生产，构建循环经济模式，显著降低万元 GDP 的 SO_2 排放量和新鲜水耗。首先，应加大科学技术对第二产业的改造和升级力度，鼓励企业不断通过改进设计、使用清洁的能源和原料、采用先进的工艺技术与设备、改善管理、综合利用等措施，提高工业产品质量和资源利用效率，缓解能源和原材料的需求压力，减少工业废弃物的排放，从源头上控制污染，减轻或者消除污染对人类健康和环境造成的危害。政府要支持循环经济发展，给实行清洁生产的企业更多的政策和资金支持。

要鼓励发展新型服务业，如金融、保险、信息、旅游、文化产业，重视高新技术产业发展，掌握尖端科技如新能源、生物工程、电子信息技术等。要结合扬州市城市条件，科学进行产业布局，合理安排生产，实现分工合理和产业结构协调；要加强扬州与全国其他优势城市的合作，缩小地区经济差距。

扬州是一个农业大市，农业产业与农业科研实力都很强，今后应更加重视都市型农业的发展，建立生态补偿机制，重视开发农业的生态和

休闲功能。

3. 大力改善城市环境，加快城市绿地建设

（1）改善水环境。经济建设要充分考虑水土资源条件和生态环境保护的要求，根据水资源条件确定重点发展区域和发展重点，实现资源的优化配置，提高区域的资源环境承载能力。要合理调整经济结构和产业布局，在保护生态的前提下加快发展。要把水资源的开发利用与节约保护结合起来。对于污染严重的地区，应将改善水环境作为区域社会经济发展的重要目标，要加大污染治理力度，果断地关停严重污染环境的企业。同时，以实现水资源优化配置为目标，加强流域和区域的水资源统一管理。当前，尤其要注重强化地表水与地下水统一管理，供水与需水统一管理，水量与水质统一管理，做好水资源的优化配置和保护，努力提高水资源的科学有效利用和保护水平。节水工作要遵循统一规划、分步实施、因地制宜、"土洋"结合、讲求实效的原则，要把建立节水型农业、节水型工业、节水型社会作为全社会的共同目标。

同时，要建立城市后备饮用水水源。如果发生特大旱情、遭遇水质污染等突发事件，后备水源将起到举足轻重的作用。因此，扬州应该从系统的角度做好后备水源的规划，因地制宜地开展后备水源建设，若出现现用水源发生突发事件不能供水的情况，需在短时间内发挥后备水源的功能，并在短时间内恢复正常供水。此外，要进一步提高供水安全度，为正常供水再加一把安全锁。

（2）改善空气质量。首先，应注重调整城市能源结构，提高常规能源的使用效率，降低石油、煤炭等化石燃料的消耗比重，降低火力发电的比重，加快建设太阳能发电项目，注重开发清洁能源。其次，要提高燃煤效率，工业锅炉要向大型化、机械化、自动化方向发展，要加快城市煤气化进程。最后，要注重研究清洁生产技术，减少 SO_2 等酸性气体和 CO_2 等温室气体的排放。

（3）改善声环境。应该鼓励市民减少汽车等高噪声消费品的使用量，在居民区设置禁止鸣笛的标志，加强对汽车鸣笛的管理；应加大对违规施工等的惩罚力度，还市民一个安静的生活环境。

（4）发展城市绿化。应该以"生物多样性"为中心，以自然景观为特色，把传统园林从孤立的花园、街道、庭院绿化中解放出来，走"以城市为主，环境绿地协调，空间绿化补充"的发展之路，融生态环境和园林绿化为一体。应本着"以小为主，中小结合，普遍分布"的原则，将绿地建设与空间绿化相配套，进行多层次绿化。应以生态学、植物群落学、城市规划学等学科理论为基础，以适生的乡土种质选择为重点，使生态园林建设向着乔木、灌木、藤本及地被植物相渗透的多层次立体混交体系发展，实现生态城市环境的大自然景观可持续发展。

4. 改善居民居住条件，提高居民生活水平

（1）进一步建立健全住房保障制度。加大廉租房建设投入的同时，加强对经济适用房分配与使用的监管，合理布局廉租房与经适房的地理位置，切实改善低收入家庭住房条件；调整住房供应结构，重点开发中低价位、中小户型的普通商品住房。

（2）深入贯彻执行国家相关政策规定。政府适度介入，通过政策引导，限制房地产企业过度建造高档商品房。同时，优化土地供应结构，确保有足够的住宅建设用地用于廉租房、经济适用房及普通商品房的建设。通过政策干预，限制地价的不合理抬升；提升公共事业发展水平，扩大社会福利安全辐射范围，让城区市民和郊区、农村居民都能享受公共基础设施和服务；建设平安和谐社区，倡导人与人和谐相处，营造舒适、和谐的城市氛围。

（3）合理调整本市最低工资标准，适时发布劳动力市场工资指导价和企业工资指导线，完善工资正常增长机制，加强个人收入信息体系建设。着力提高低收入者收入水平，扩大中等收入者比重，有效调节过

高收入，加强对垄断性、专营性行业收入分配的监管和调节，缩小收入差距，推进共同富裕。

（4）改善人居环境质量，重视生态园林建设。在城市建设中，以营造自然景观为主，突出植物种类群聚的特点，尽量减少亭台楼阁、喷泉雕塑、假山水池，实现人居环境回归自然的目的，促进物种多样性在城市环境建设中得到可持续发展。

5. 加大环保投入，增强环保执法力度

（1）加大对环保事业的投入。垃圾处理站、污水处理厂是生态城市中建设必不可少的基础设施，应根据城市规模和垃圾、污水处理量建设规模不同的垃圾处理站、污水处理厂，避免建设不足或资源浪费；加强对垃圾资源化技术和无害化处理技术的研究，以提高整体效益。若垃圾和污水经过回收处理后可以作为资源或转化成能源供城市使用，则不但减少了污染、节约了资源，而且能获得额外收益。

（2）加大对污染行业的整治和惩罚力度。政府应成为生态城市建设的主导力量，对排污不符合国家标准的企业给予重罚，必要时使用行政方式处置如行政警告；对高耗能企业应要求限期整治和改进，无任何改进或拒不执行的，应勒令停产。此外，政府应加强生态环境保护监督队伍的建设，形成一套完整、严密、可操作的适应城市生态化发展的法律综合体系，培养一支素质高、责任心强、公正廉洁的执法队伍；应赋予环保部门更多的权力，让他们实质性地参与国民经济决策活动；应激发公众积极参与环保的热情。

6. 加强环保宣传力度，增强群众环保意识

政府部门应以建设生态城市为目标，构建生态文化体系，开展生态文明建设宣传、教育工作，倡导节俭、环保，增强群众的生态保护意识，逐渐转变不可持续的生活方式。

（1）加大环保重要性的宣传力度。通过环保部门、新闻媒体、居民社区及执法部门等各单位组织宣传环保理念，全面提高居民的环保意识。要让全市民众认识到环境保护对自己和周围群众健康生活的重要性。环保部门、居民社区及新闻媒体等可在每年的"世界环境日""全国植树周"等特殊活动日开展集中宣传，对生态环境违法行为进行曝光，或不限于形式和时间由社区组织"告别不文明、不卫生"文艺演出等。

（2）重视对青少年环保意识的培养。虽然学校作为向青少年宣传环保知识的主渠道，有着无可比拟的教育优势，但由于历史和现实的原因，我国中小学阶段的"环境教育"起步比较晚，至今还没有专门的教育课程，环保教育的内容蕴藏在各学科知识中。北京师范大学水科学研究院水生态与环境研究所所长王红旗教授认为："环境教育是涉及各科教育渗透性的综合体。"因此，在实际生活中，学校除了组织专门的环保教育课程外，还可以通过开展班级甚至全校师生参与的主题活动，加深学生对环境保护的重要性的理解，让青少年成为环保积极分子。

第 **9** 章　主要结论与研究展望

9.1　主要结论

1. 2010—2020 年扬州市生态适宜度总体呈提升趋势

城市生态适宜度评价结果显示，2010—2020 年扬州市城市生态适宜度评价值在 0.460 至 0.684 之间，处在"一般"至"良好"的范围内，城市生态适宜度总体呈提升趋势。

对扬州市城市生态适宜度分目标的评价结果表明：

（1）在研究时段的初期，建成区资源消耗与支撑评价值较高，但随着时间的变化，建成区资源消耗与支撑评价结果有些波动，中间时段和最后一段（2019—2020 年）有些下降。这说明，城市的发展最初以牺牲资源为代价，但随着全社会环保意识的增强，这一状况有所改变。

（2）建成区环境状况与污染负荷评价值总体呈上升趋势，但是有些波动，这和环境污染的瞬时性有关，应注意环境保护的持续性和管理的有效性。

（3）建成区效率和效益指标在研究时段的初期处于"一般"的水平范围，但是随着时间的推移，该指标有所改善，建成区效率和效益成为提升城市生态适宜度的增长点。

（4）在研究时段的前期，建成区社会保障及福利安全评价结果较低，但该指标评价值增长明显，这和社会的实际情况是相符的。扬州市社会保障及福利安全指标在 2010—2020 年显著改善，成为提升城市生态适宜度的主要增长点。

（5）市域生态支撑指标评价值波动较大，总体略有上升。在研究时段的后期，市域生态不能给予城市足够的支撑，将成为城市发展的瓶颈。

2. 通过 C 层指标和 D 层指标之间的回归分析得出的主要结论

（1）水环境综合评价指标（C_5）与所属指标间的关系：城市生活污水集中处理率（D_8）和工业废水达标排放率（D_7）对 C_5 有较大的积极影响。

（2）空气环境综合评价指标（C_6）与所属指标间的关系：空气质量良好天数达标率（D_{10}）对 C_6 有较大的积极影响。

（3）固废处理综合评价指标（C_7）与所属指标间的关系：工业固废综合利用率（D_{12}）和城市生活垃圾无害化处理率（D_{13}）对 C_7 有较大的积极影响。

（4）经济效益综合评价指标（C_9）与所属指标间的关系：人均GDP（D_{15}）和人均财政收入（D_{16}）对 C_9 有较大的积极影响。

（5）资源利用效率综合评价（C_{10}）指标与所属指标间的关系：地均 GDP（D_{17}）对 C_{10} 有较大的积极影响。

（6）居民生活水平综合评价指标（C_{11}）与所属指标间的关系：居民人均可支配收入（D_{20}）、城乡居民人均收入比（D_{21}）和人均住房面积（D_{22}）对 C_{11} 有较大的积极影响。

（7）社会福利安全综合评价指标（C_{12}）与所属指标间的关系：环保投资占 GDP 的比重（D_{23}）、人均避难场所用地（D_{26}）、人均城市道路面积（D_{25}）和万人平均拥有病房数（D_{24}）对 C_{12} 有较大的积极影响。

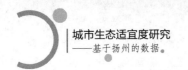
（8）能源综合评价指标（C_{16}）与所属指标间的关系：全市人均初级生物能（D_{31}）对 C_{16} 有较大的积极影响。

3. 通过 B 层指标和 D 层指标之间的回归分析得出的主要结论

（1）人均生活能耗指标与建成区资源消耗与支撑评价值呈负相关，与其余指标均呈正相关，若能显著改善人均园林绿地面积指标、人均占地面积指标、人均生活用水量指标、人均生活能耗指标，均会较大幅度地提高建成区资源消耗与支撑指标的评价值。其中，应优先考虑改善人均园林绿地面积指标。

（2）建成区环境状况与污染负荷评价值主要受工业废水达标排放率和噪声达标区覆盖率指标影响，若能显著改善噪声达标区覆盖率和工业废水达标排放率，会较大幅度地提高建成区环境状况与污染负荷评价值。其中，应优先考虑改善噪声达标区覆盖率指标。

（3）建成区效率和效益评价值受人均财政收入指标影响显著，若能显著改善人均财政收入指标，会较大幅度地提高建成区效率和效益的评价值。

（4）建成区社会保障及福利安全评价值受居民人均可支配收入指标和人均城市道路面积指标影响显著，若能显著改善居民人均可支配收入指标和人均城市道路面积指标，会较大幅度地提高建成区社会保障及福利安全的评价值。其中，应优先考虑改善居民人均可支配收入指标。

（5）市域生态支撑评价值受全市人均自然非生物能影响显著，若能显著改善全市人均自然非生物能指标，会较大幅度地提高市域生态支撑的评价值。

9.2　本研究的创新之处

（1）目前我国城市生态适宜度研究的对象多为北京、上海等特大城市，针对 Ⅰ 型大城市、Ⅱ 型大城市、中等城市和小城市开展的研究较少，本书将扬州市作为研究对象，对于将城市生态适宜度研究理论应用到 Ⅰ 型大城市、Ⅱ 型大城市、中小城市具有典型意义。

（2）本研究摆脱了传统研究方法的束缚，将城市建成区作为研究对象，并且创新性地从建成区资源消耗与支撑、建成区环境状况与污染负荷、建成区效率和效益、建成区社会保障及福利安全、市域生态支撑 5 个方面构建了城市生态适宜度评价指标体系，充分体现了"以城市为中心、以人为本"的理念。

（3）本书采用模糊数学的方法对指标体系进行评价，更加客观合理。因为城市生态系统是个复杂的、非线性的系统，常规的层次分析法对指标权重的设定过于主观，基于模糊推理和模式识别的模糊评价方法更加适合模糊的、非线性的系统，从而使结果更加符合客观实际。

9.3　研究展望

就本研究来看，还存在一些不够完善的地方，主要有以下三方面。

1. 关于城市生态适宜度概念的研究

城市生态适宜度研究是从生态的角度，考虑城市系统的重心和核心区域的结构、功能、发展的要求与城市生态及社会、经济环境之间的吻合程度。

城市生态适宜度研究不同于生态市的研究，不以考核为目标；城市生态适宜度研究也不同于可持续发展研究。本研究以城市的核心区域（建成区）为主要研究对象，真正意义上体现"城市"二字。由于城市生态适宜度分析的研究对象复杂，至今尚未形成公认的理论体系和方法体系，许多分析方法和评价体系仍处于不断探索和发展之中。

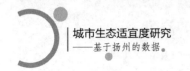
2. 关于城市生态适宜度指标体系的构建与应用

在本研究中，城市生态适宜度指标体系由建成区资源消耗与支撑、建成区环境状况与污染负荷、建成区效率和效益、建成区社会保障及福利安全、市域生态支撑 5 个部分构成。这里，所谓的"适宜"体现的是人们现阶段对城市生活的要求，随着社会的发展，人们对城市生态适宜度的理解和认识也会进一步深入，因此，在现有的理论基础上建立起来的指标体系存在一定的局限性。此外，目前的指标体系还不十分完善，如建成区社会保障及福利安全指标应该包括政府和普通居民的生态文明理念和素质水平，但由于无法获得系统的数据，成为指标体系中的缺失项，在今后的研究中要增加这一方面的指标建设。

另外，需要说明的是，本指标体系不适用于较长时间段的研究。由于不同时间段，城市经济发展水平、社会保障及福利安全、环境状况等差异较大，因此本研究在指标选取、"三基点"值的确定、指标的等级划分方面均有一定的时间限制，如需将指标体系用于较长时间段的研究，则需做相应的调整。同时，该指标体系主要用于大中城市及特定地域，若应用于其他不同类型的城市，其评价结果仍然需要进一步研究。

3. 模糊数学评价仍有改进空间

模糊数学评价作为一种评价方法，其优点是便于解决复杂的黑箱系统问题，它不需要用数学解析式对系统建模，只需运用显而易见的模糊规则；缺点是无法进行解析研究，因为它不是建立在数学解析式基础上的，所以无法进行理论推导、参数优化、过程控制之类的研究。模糊数学评价需根据指标之间的关系制定模糊规则，本研究构建的指标体系中各指标之间的关系尚不完全明确，因此模糊规则部分仍然有改进的空间。

就本研究来看，还存在两个问题，可以作为今后研究的重点。

　　第一，城市生态适宜度已然不是未来城市相关评价选择的第一性指标，如何把城市生态适宜度和城市的发展适宜度、文化适宜度等结合，从而研判城市的综合竞争力是一个新的研究方向。

　　第二，城市生态适宜度中庸选择将成为未来研究的热点。如何科学定位城市的生态适宜度，不至于因过于关注城市生态适宜度而使得经济发展成本太高，众多企业无法生存，又不至于因忽视生态适宜度提升而导致人口的流失是下一步研究的重点。

参考文献

［1］罗澍伟. 城市、城市理论与城市史［A］//城市史研究（第17-18辑）. 天津：天津社会科学院出版社，2000.

［2］赵安顺. 城市概念的界定与城市化度量方式［J］. 城市问题，2005（5）：24-27.

［3］王兰. 区域和城市空间发展［J］. 城市规划学刊，2021（1）：119-120.

［4］龙华. 城市的概念和城市统计的范围口径［J］. 北京统计，2012，（6）：23-25.

［5］尤建新. 城市定义的发展［J］. 上海管理科学，2006（3）：67-69.

［6］陈昌笃，鲍世行. 中国的城市化及其发展趋势［J］. 生态学报，1994，14（1）：84-91.

［7］史作民，陈涛. 城市化及其对城市生态环境影响研究进展［J］. 生态学杂志，1996，15（1）：35-41.

［8］叶裕民. 世界城市化进程及其特征［J］. 红旗文稿，2004（8）：36-38.

［9］杨开忠. 中国共产党实现第一个百年奋斗目标的城市化道路［J］. 城市与环境研究，2021（2）：4.

［10］国家统计局城市社会经济调查司. 中国城市统计年鉴 2008 ［M］. 北京：中国统计出版社，2009.

［11］国家统计局城市社会经济调查司. 中国城市统计年鉴 2009 ［M］. 北京：中国统计出版社，2010.

［12］彭定洪，张文华. 公众参与视域下生态城市发展质量评价方法 ［J］. 软科学，2021，35（6）：7.

［13］朱蕴丽，李美华. 生态城市建设中的若干弊端及对策探讨 ［J］. 江西社会科学，2021，41（12）：247-253.

［14］李锋，刘旭升，胡聃，等. 生态市评价指标体系与方法：以江苏大丰市为例 ［J］. 应用生态学报，2007（9）：2006-2012.

［15］石永林，王要武. 建设可持续发展生态城市的研究 ［J］. 中国软科学，2003（8）：122-126.

［16］陈华文. 城市地质环境的经济学分析 ［M］. 上海：复旦大学出版社，2004.

［17］赵清，张珞平，陈宗团，等. 生态城市理论研究述评 ［J］. 生态经济，2007，182（5）：155-159.

［18］杨琰瑛，郑善文，逯非，等. 国内外生态城市规划建设比较研究 ［J］. 生态学报，2018，38（22）：8247-8255.

［19］张芳. 生态城市与生态环境 ［J］. 辽宁工程技术大学学报（社会科学版），2001（2）：10.

［20］陈天，王佳煜，李海龙. 博弈论视角下的生态新城生态本底评价与优化策略：以中新天津生态城为例 ［J］. 城市发展研究，2021，28（5）：8-18.

［21］梁咏华. 浅析生态城市建设的理论与实践：由国外生态城市建设的三个例子想到的 ［J］. 小城镇建设，2004（7）：88-89.

［22］王祝根，李百浩. 墨尔本城市转型中的城市更新范式演进及其启示 ［J］. 规划师，2021，37（10）：68-74.

［23］王如松. 高效·和谐：城市生态调控原则与方法［M］. 长沙：湖南教育出版社，1988.

［24］杨小波，吴应书. 城市生态学［M］. 北京：科学出版社，2000.

［25］陈宝妹，郭丹. 全球自然生态新变化：低碳国家的障碍与创新［J］. 人民论坛·学术前沿，2020（11）：15-27

［26］PARK E P，ERNEST W. The city［M］. Chicago：The University of Chicago Press，1925.

［27］孙璐，庞昌伟. 俄罗斯生态城市建设与中俄互鉴［J］. 俄罗斯东欧中亚研究，2020（3）：129-142，158.

［28］宗跃光. 城市景观规划的理论和方法［M］. 北京：中国科学技术出版社，1993.

［29］涂尔逊，杨志峰. 试论城市环境与可持续发展［J］. 环境科学进展，1998（6）：48-55.

［30］高晓明，王志鹏，赵继龙，等. 城市代谢导向下的荷兰可持续城市规划与设计理念探析［J］. 国际城市规划，2020，35（4）：114-123.

［31］郭宏忠. 生态特区建设理论初探［D］. 北京：北京林业大学，2004.

［32］Yanitsky. The city and ecology［M］. Moskow：Nauka，1987.

［33］杨立科. 生态建设对鄂尔多斯城市综合实力影响的研究［D］. 呼和浩特：内蒙古农业大学，2019.

［34］宋永昌，戚仁海，由文辉，等. 生态城市的指标体系与评价方法［J］. 城市环境与城市生态，1999，12（5）：16-19.

［35］张炯. 生态城市：创造自然与社会相协调的生态系统［J］. 中国环境管理，1999（5）：10-11.

［36］盛学良，王华. 生态城市指标体系研究［J］. 环境导报，2000（5）：5-8.

［37］傅伯杰，刘世梁，马克明. 生态系统综合评价的内容与方法［J］.
生态学报，2001（11）：1885-1892.

［38］涂尔逊. 城市生态环境规划——理论、方法与实践［M］. 北京：
化学工业出版社，2005.

［39］宋永昌，由文辉，王荣祥. 城市生态学［M］. 上海：华东师范大
学出版社，2000.

［40］吴琼，王如松，李宏卿，等. 生态城市指标体系与评价方法［J］.
生态学报，2005（8）：2090-2095.

［41］梅卓华，方东，宋永忠，等. 南京城市生态环境质量评价指标体
系研究［J］. 环境科学与技术，2005，28（3）：81-82，95-120.

［42］王静. 天津生态城市建设现状定量评价［J］. 城市环境与城市生
态，2002（5）：20-22.

［43］宋冬梅，肖笃宁，申元村. 我国沿海地区生态城市建设评价［J］.
地理科学进展，2004（4）：80-86.

［44］徐晓霞. 中原城市群城市生态系统评价研究［J］. 地域研究与开
发，2006（5）：98-102.

［45］杜海龙，李迅，李冰. 绿色生态城市理论探索与系统模型构建
［J］. 城市发展研究，2020，27（10）：1-8，140.

［46］柳兴国. 生态城市评价指标体系实证分析［J］. 济南大学学报
（社会科学版），2008，18（6）：15-20.

［47］陈雷，周敬宣，李湘梅. 基于耗散结构理论的城市生态水平评价
研究：以武汉市为例［J］. 长江流域资源与环境，2007（6）：
786-790.

［48］杨永春，钱翌，蒲春玲，等. 乌鲁木齐城市生态系统综合评价
［J］. 新疆农业大学学报，2005，28（1）：39-43.

［49］尹怀宁，季奎，赵伊川. 县级生态城市综合评价：以普兰店市为例
［J］. 辽宁师范大学学报（自然科学版），2006（1）：112-115.

[50] 尚正永，白永平. 兰州生态城市建设现状定量评价 [J]. 城市问题，2004（1）：55-58.

[51] 张一达，刘学录，范亚红，等. 基于改进 TOPSIS 法的兰州市土地利用多功能性评价 [J]. 干旱区地理，2019，42（2）：444-451.

[52] 李月辉，胡志斌，肖笃宁，等. 城市生态环境质量评价系统的研究与开发：以沈阳市为例 [J]. 城市环境与城市生态，2003，16（2）：53-55.

[53] 李契，朱金兆，朱清科. 生态位理论及其测度研究进展 [J]. 北京林业大学学报，2003（1）：100-107.

[54] 戈峰. 现代生态学 [M]. 北京：科学出版社，2002.

[55] 朱春全. 生态位势理论与扩充 [J]. 生态学报，1997（3）：324-332.

[56] 王刚，赵松林，张鹏云. 关于生态位定义的探讨及生态位重叠计测公式改进的研究 [J]. 生态学报，1984（2）：119-126.

[57] 王美雅，徐涵秋. 中外超大城市生态质量遥感评价 [J]. 生态与农村环境学报，2021，37（9）：1158-1167.

[58] 李德志，石强，臧润国，等. 物种或种群生态位宽度与生态位重叠的计测模型 [J]. 林业科学，2006（7）：95-103.

[59] 吴耀宇. 城市森林景区生态评价与开发模式研究 [D]. 南京：南京师范大学，2012.

[60] 胡成功. 生态位理论与我国知识经济发展方略 [J]. 中国软科学，2000（6）：120-124.

[61] 邢忠. 优化社会生态位：适应时代发展的城市规划理念探析 [J]. 重庆建筑大学学报（社科版），2001（1）：11-14.

[62] 赵晨. 城市发展的空间竞争机制 [J]. 新建筑，1997（1）：5-7.

[63] 罗小龙，甄峰. 生态位态势理论在城乡结合部应用的初步研究：以南京市为例 [J]. 经济地理，2000（5）：55-58，71.

［64］于法稳. 生态位理论及其在生态经济规划中的应用［J］. 生态经济, 1997（4）：52-54.

［65］李自珍, 韩晓卓, 李文龙. Evolutionary dynamic model of population with niche construction and its application research［J］. 应用数学和力学（英文版）, 2019（3）：327-334.

［66］李华斌, 严力蛟, 赵晓慧. 利用灰色关联投影模型进行生态适宜度评价：以长江三角洲16个城市为例［J］. 科技通报, 2008（5）：714-720.

［67］臧敏, 卞新民, 王龙昌. 作物-地理生态适宜性评价指标体系研究［J］. 安徽农业科学, 2007, 35（6）：1571-1573.

［68］梁保平, 韩贵锋, 余丽娟, 等. 中国省域城市生态适宜度综合评价［J］. 城市问题, 2005（5）：16-19.

［69］蔺雪芹, 方创琳, 宋吉涛. 基于生态导向的城市空间优化与功能组织：以天津市滨海新区临海新城为例［J］. 生态学报, 2008, 28（12）：6130-6137.

［70］何绘宇. 珠江三角洲城市生态系统适宜度评价研究［D］. 广州：中国科学院研究生院（广州地球化学研究所）, 2007.

［71］齐尚红, 王冰洁, 武作书. 农业生产与温度的关系［J］. 河南科技学院学报（自然科学版）, 2007（4）：20-23.

［72］李辉. 甘肃人口城镇化问题研究［J］. 西北民族大学学报（哲学社会科学版）, 2006（1）：35-40.

［73］左璐, 孙雷刚, 徐全洪, 等. 区域生态环境评价研究综述［J］. 云南大学学报（自然科学版）, 2021, 43（4）：806-817.

［74］管相荣. 基于GeoCA-Urban的古城市土地利用时空演化研究：以开封市为例［D］. 开封：河南大学, 2005.

［75］国家环境保护总局. 关于印发《生态县、生态市、生态省建设指标（修订稿）》的通知［EB/OL］.（2007-12-16）［2020-11-30］.

http://www.mee.gov.cn/.

[76] 牛振国，孙桂凤. 近10年中国可持续发展研究进展与分析 [J]. 中国人口·资源与环境，2007，97（3）：122-128.

[77] 杨治惠. 城市生态可持续发展初探 [J]. 中国园艺文摘，2009，25（6）：67.

[78] 杨全海. 论城市生态可持续发展及路径选择 [J]. 环境科学与管理，2007，116（7）：161-164，160.

[79] 梁保松，张荣，王建平，等. 城市可持续发展评价模型研究及实证分析 [J]. 郑州大学学报（理学版），2005（1）：104-108.

[80] 张新端. 环境友好型城市建设环境指标体系研究 [D]. 重庆：重庆大学，2007.

[81] 张志飞，郭宗楼，王士武. 区域合理水面率研究现状及探讨 [J]. 中国农村水利水电，2006（4）：58-60.

[82] 张朝君，胡忠梅. 节能与职业教育 [J]. 中国职业技术教育，1996（11）：35-36.

[83] 中华人民共和国国家统计局. 中国统计年鉴（2010—2020）[DB/OL]. http://www.stats.gov.cn/tjsj/ndsj/.

[84] 崔佃光. 我国住房抵押贷款证券化可行性探讨 [J]. 当代经济，2009（15）：18-19.

[85] 中华人民共和国住房和城乡建设部. 国家生态园林城市标准[EB/OL].（2008-10-26）[2020-11-30]. http://www.chla.com.cn/html/2008-10/20851.html.

[86] 南京市人民政府城市总体规划修编工作领导小组办公室.《南京市城市总体规划（2020-2030）》成果草案展板（2009-07-01）[EB/OL]. http://www.ghj.nanjing.gov.cn.

[87] 陈百明，周小萍. 全国及区域性人均耕地阈值的探讨 [J]. 自然资源学报，2002（5）：622-628.

［88］ 黄雅虹. 合理确立水资源价格与经济持续发展［J］. 农村经济, 2007, 296（6）：106-108.

［89］ 燕红. 草原与荒漠区一年生植物层片的生态适应性研究［D］. 呼和浩特：内蒙古大学, 2007.

［90］ 肖显静. 生态政治［D］. 北京：中国人民大学, 1999.

［91］ 陈守煜. 系统模糊决策理论与应用［M］. 大连：大连理工大学出版社, 1994.

［92］ 陈守煜. 工程水文水资源系统模糊集分析理论与实践［M］. 大连：大连理工大学出版社, 1998.

［93］ 刘畅, 周燕凌, 何洪容. 近30年国内外生态约束下农村产业适宜性研究进展［J］. 生态与农村环境学报, 2021, 37（7）：852-860.

［94］ 蔡海生, 陈艺, 张学玲. 基于生态位理论的富硒土壤资源开发利用适宜性评价及分区方法［J］. 生态学报, 2020, 40（24）：9208-9219.

［95］ 李安贵, 张志宏, 孟艳, 等. 模糊数学及其应用［M］. 2版. 北京：冶金工业出版社, 2005.

［96］ 彭祖赠, 孙韫玉. 模糊（Fuzzy）数学及其应用［M］. 武汉：武汉大学出版社, 2007.

［97］ 王海燕. 城市发展循环经济的模式及途径［J］. 软科学, 2006, 20（1）：3.

［98］ 李赶顺, 张玉柯, 长谷川达也. 循环经济与和谐生态城市［M］. 北京：中国环境科学出版社, 2006.

［99］ 孟好军, 张学龙, 苗毓鑫. 生态园林在城市环境建设中的可持续发展［J］. 甘肃林业职业技术学院学报（综合版）, 2002（1）：74-75.

［100］ 李伟. 城市形态转换中的生态配置优化［J］. 城市发展研究,

2006, 13 (1)：6.

［101］韩颖，汪炘. 南京市生态城市建设的现状、问题及对策［J］. 污染防治技术，2009，22（2）：34-39.

［102］李文霆，王合成. 循环经济：再造"生态城市"新模式［M］. 北京：中国环境科学出版社，2007.

［103］鞠美庭，王勇，孟伟庆，等. 生态城市建设的理论与实践［M］. 北京：化学工业出版社，2007.

［104］郑伟，朱新方，尹建中. 生态城市建设的发展对策思考［J］. 环境与可持续发展，2009（3）：39-42.

［105］刘志明，赵继明，孟好军. 生态城市园林绿化的可持续发展对策［J］. 甘肃科技，2009，25（13）：3.

［106］景星蓉，张健，樊艳妮. 生态城市及城市生态系统理论［J］. 城市问题，2017（6）：20-23.

［107］GAO Y H, WANG L L, ZHANG H Q. Intelligent urban ecological suitability system based on pattern recognition［J］. Journal of Intelligent and Fuzzy Systems, 2020, 39 (5)：1-8.

［108］AHMED A, Al-Othman. Evaluation of the suitability of surface water from Riyadh Mainstream Saudi Arabia for a variety of uses［J］. Arabian Journal of Chemistry, 2019, 12 (8)：2104-2110.

［109］LU C, SHI L, ZHAO X C, et al. Study on urban construction land optimization based on geological environment suitability evaluation［J］. Arabian Journal of Geosciences, 2021, 14 (7)：624.

［110］Li M, ZHANG C, XU B, et al. Evaluating the approaches of habitat suitability modelling for whitespotted conger (Conger myriaster)［J］. Fisheries Research, 2017, 195 (6886)：230-237.

［111］Unglaub B, Steinfartz S, Hass A, et al. The relationships between habitat suitability, population size and body condition in a pondbreeding amphibian ［J］. Basic and Applied Ecology, 2018, 27：20-29.

［112］ ZHANG G M, ZHU A X, WINDELS S K, et al. Modelling species habitat suitability from presence—only data using kernel density estimation ［J］. Ecological Indicators, 2018 (93)：387-396.

［113］ Shrikant M, Vasant W, Dipak P, et al. Development of new integrated water quality index (IWQI) model to evaluate the drinking suitability of water ［J］. Ecological Indicators, 2019 (101)：348-354.

［114］ LIU C, ZHANG R Y. Study on land ecological assessment of villages and towns based on GIS and remote sensing information technology ［J］. Arabian Journal of Geosciences, 2021, 14 (6) ：1-10.

［115］ ZHENG W H, CAI F, CHEN S L et al. Ecological suitability of island development based on ecosystem services value, biocapacity and ecological footprint：a case study of Pingtan Island, Fujian, China ［J］. Sustainability, 2020, 12 (6)：2553-2571.

附录
国家生态文明建设示范市县建设指标

领域	任务	序号	指标名称	单位	指标值	指标属性	适用范围
生态制度	（一）目标责任体系与制度建设	1	生态文明建设规划	—	制定实施	约束性	市县
		2	党委政府对生态文明建设重大目标任务部署情况	—	有效开展	约束性	市县
		3	生态文明建设工作占党政实绩考核的比例	%	≥20	约束性	市县
		4	河长制	—	全面实施	约束性	市县
		5	生态环境信息公开率	%	100	约束性	市县
		6	依法开展规划环境影响评价	% —	市：100 县：开展	市：约束性 县：参考性	市县
生态安全	（二）生态环境质量改善	7	环境空气质量 优良天数比例 PM$_{2.5}$浓度下降幅度	%	完成上级规定的考核任务；保持稳定或持续改善	约束性	市县
		8	水环境质量 水质达到或优于Ⅲ类比例提高幅度 劣Ⅴ类水体比例下降幅度 黑臭水体消除比例	%	完成上级规定的考核任务；保持稳定或持续改善	约束性	市县
		9	近岸海域水质优良（一、二类）比例	%	完成上级规定的考核任务；保持稳定或持续改善	约束性	市
	（三）生态系统保护	10	生态环境状况指数 干旱半干旱地区 其他地区	%	≥35 ≥60	约束性	市县
		11	林草覆盖率 山区 丘陵地区 平原地区 干旱半干旱地区 青藏高原地区	%	≥60 ≥40 ≥18 ≥35 ≥70	参考性	市县

领域	任务	序号	指标名称	单位	指标值	指标属性	适用范围
生态安全	（三）生态系统保护	12	生物多样性保护 国家重点保护野生动植物保护率 外来物种入侵 特有性或指示性水生物种保持率	% — %	≥95 不明显 不降低	参考性	市县
		13	海岸生态修复 自然岸线修复长度 滨海湿地修复面积	公里 公顷	完成上级管控目标	参考性	市县
	（四）生态环境风险防范	14	危险废物利用处置率	%	100	约束性	市县
		15	建设用地土壤污染风险管控和修复名录制度	—	建立	参考性	市县
		16	突发生态环境事件应急管理机制	—	建立	约束性	市县
生态空间	（五）空间格局优化	17	自然生态空间 生态保护红线 自然保护地	—	面积不减少,性质不改变,功能不降低	约束性	市县
		18	自然岸线保有率	%	完成上级管控目标	约束性	市县
		19	河湖岸线保护率	%	完成上级管控目标	参考性	市县
生态经济	（六）资源节约与利用	20	单位地区生产总值能耗	吨标准煤/万元	完成上级规定的目标任务;保持稳定或持续改善	约束性	市县
		21	单位地区生产总值用水量	立方米/万元	完成上级规定的目标任务;保持稳定或持续改善	约束性	市县
		22	单位国内生产总值建设用地使用面积下降率	%	≥4.5	参考性	市县
		23	碳排放强度	吨/万元	完成上级管控目标	约束性	市
		24	应当实施强制性清洁生产企业通过审核的比例	%	完成年度审核计划	参考性	市
	（七）产业循环发展	25	农业废弃物综合利用率 秸秆综合利用率 畜禽粪污综合利用率 农膜回收利用率	%	≥90 ≥75 ≥80	参考性	县
		26	一般工业固体废物综合利用率	%	≥80	参考性	市县

领域	任务	序号	指标名称	单位	指标值	指标属性	适用范围
生态生活	（八）人居环境改善	27	集中式饮用水水源地水质优良比例	%	100	约束性	市县
		28	村镇饮用水卫生合格率	%	100	约束性	县
		29	城镇污水处理率	%	市≥95 县≥85	约束性	市县
		30	城镇生活垃圾无害化处理率	%	市≥95 县≥80	约束性	市县
		31	城镇人均公园绿地面积	平方米/人	≥15	参考性	市
		32	农村无害化卫生厕所普及率	%	完成上级规定的目标任务	约束性	县
	（九）生活方式绿色化	33	城镇新建绿色建筑比例	%	≥50	参考性	市县
		34	公共交通出行分担率	%	超、特大城市≥70 大城市≥60 中小城市≥50	参考性	市
		35	生活废弃物综合利用 城镇生活垃圾分类减量化行动 农村生活垃圾集中收集储运	—	实施	参考性	市县
		36	绿色产品市场占有率 节能家电市场占有率 在售用水器具中节水型器具占比 一次性消费品人均使用量	% % 千克	≥50 100 逐步下降	参考性	市
		37	政府绿色采购比例	%	≥80	约束性	市县
生态文化	（十）观念意识普及	38	党政领导干部参加生态文明培训的人数比例	%	100	参考性	市县
		39	公众对生态文明建设的满意度	%	≥80	参考性	市县
		40	公众对生态文明建设的参与度	%	≥80	参考性	市县

指标解释

1. 生态文明建设规划

适用范围：地级行政区、县级行政区。

指标解释：指创建地区围绕推进生态文明建设和推动国家生态文明建设示范市县创建工作，组织编制的具有自身特色的建设规划。规划应由同级人民代表大会（或其常务委员会）或本级人民政府审议后颁布实施，且在有效期内。

数据来源：当地政府及各有关部门。

2. 党委政府对生态文明建设重大目标任务部署情况

适用范围：地级行政区、县级行政区。

指标解释：指创建地区党委政府领导班子学习贯彻落实习近平生态文明思想的情况，对国家、省有关生态文明建设决策部署和重大政策、中央生态环境保护督察与各类专项督查问题，以及本行政区域内生态文明建设突出问题的研究学习及落实情况。

数据来源：当地党委政府及各有关部门。

3. 生态文明建设工作占党政实绩考核的比例

适用范围：地级行政区、县级行政区。

指标解释：指创建地区本级政府对下级政府党政干部实绩考核评分标准中，生态文明建设工作所占的比例。包括生态文明制度建设和体制改革、生态环境保护、资源能源节约、绿色发展等方面。县级行政区要对乡镇党政领导干部考核，地级行政区要对县级党政领导干部考核。该指标旨在推动创建地区将生态文明建设工作纳入党政实绩考核范围，通

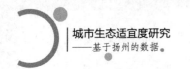

过强化考核，把生态文明建设工作任务落到实处。

$$\text{生态文明建设工作占党政实绩考核的比例} = \frac{\text{生态文明相关考核得分}}{\text{绩效考评总分}} \times 100\%$$

数据来源：组织、人事、生态环境等部门。

4. 河长制

适用范围：地级行政区、县级行政区。

指标解释：指由各级党政主要负责人担任行政区域内河长，落实属地责任，健全长效机制，协调整合各方力量，促进水资源保护、水域岸线管理、水污染防治、水环境治理等工作。具体按照《中共中央办公厅 国务院办公厅关于全面推行河长制的意见》及各省相关文件执行。

数据来源：水利、生态环境等部门。

5. 生态环境信息公开率

适用范围：地级行政区、县级行政区。

指标解释：指政府主动公开生态环境信息和企业强制性生态环境信息公开的比例。生态环境信息公开工作按照《中华人民共和国政府信息公开条例》（国务院令第711号）和《环境信息公开办法（试行）》（国家环境保护总局令第35号）要求开展，其中污染源环境信息公开的具体内容和标准，按照《企事业单位环境信息公开办法》（环境保护部令第31号）、《关于加强污染源环境监管信息公开工作的通知》（环发〔2013〕74号）、《关于印发〈国家重点监控企业自行监测及信息公开办法（试行）〉和〈国家重点监控企业污染源监督性监测及信息公开办法（试行）〉的通知》（环发〔2013〕81号）等要求执行。

数据来源：生态环境部门。

6. 依法开展规划环境影响评价

适用范围：地级行政区、县级行政区。

指标解释：指创建地区依据有关生态环境保护标准、环境影响评价技术导则和技术规范，对其组织编制的土地利用有关规划和区域、流域、海域的建设、开发利用规划，以及工业、农业、畜牧业、林业、能源、水利、交通、城市建设、旅游、自然资源开发的有关专项规划，进行环境影响评价。

数据来源：生态环境部门。

7. 环境空气质量

适用范围：地级行政区、县级行政区。

（1）优良天数比例

指标解释：指行政区域内空气质量达到或优于二级标准的天数占全年有效监测天数的比例。执行《环境空气质量标准》（GB 3095-2012）和《环境空气质量指数（AQI）技术规定（试行）》（HJ633-2012）。

$$优良天数比例 = \frac{空气质量达到或优于二级标准的天数}{全年有效监测天数} \times 100\%$$

注：地级行政区完成国家、省级生态环境部门规定的考核任务，县级行政区完成省、市级生态环境部门规定的考核任务。考核任务是否完成，依据国家、省、市级生态环境部门发布的年度考核结果判定。要求已达到《环境空气质量标准》（GB 3095-2012）的地区保持稳定，其他地区持续改善。

数据来源：生态环境部门。

（2）PM$_{2.5}$浓度下降幅度

指标解释：指评估年 PM$_{2.5}$ 浓度与基准年相比下降的幅度。PM$_{2.5}$ 浓度按照《环境空气质量标准》（GB 3095-2012）和《环境空气质量评价技术规定（试行）》（HJ 663-2013）测算。

数据来源：生态环境部门。

8. 水环境质量

适用范围：地级行政区、县级行政区。

（1）水质达到或优于Ⅲ类比例提高幅度

指标解释：指评估年水质达到或优于Ⅲ类比例与基准年相比提高幅度。包括地表水水质达到或优于Ⅲ类比例提高幅度、地下水水质达到或优于Ⅲ类比例提高幅度。地表水水质达到或优于Ⅲ类比例指行政区域内主要监测断面水质达到或优于Ⅲ类的比例。地下水水质达到或优于Ⅲ类比例指行政区域内监测点网水质达到或优于Ⅲ类的比例。执行《地表水环境质量标准》（GB 3838-2002）和《地下水质量标准》（GB/T 14848-2017）。

注：① 地级行政区完成国家、省级生态环境部门规定的考核任务，县级行政区完成省、市级生态环境部门的考核任务。考核任务是否完成，依据国家、省、市生态环境部门发布的年度考核结果判定。要求水质已达到《地表水环境质量标准》（GB 3838-2002）和《地下水质量标准》（GB/T 14848-2017）的地区保持稳定，其他地区持续改善。

② 行政区域内有国控断面则考核国控断面达标情况，无国控断面则考核省控断面，无国控、省控断面的则考核市控断面。

③ 可提供详实的监测分析报告和有关基础数据，并由省级生态环境部门提供证明或意见，剔除背景值影响。

数据来源：生态环境部门。

（2）劣Ⅴ类水体比例下降幅度

指标解释：指评估年劣Ⅴ类水体比例与基准年相比下降的幅度，包括地表水劣Ⅴ类水体比例下降幅度、地下水劣Ⅴ类水体比例下降幅度。地表水劣Ⅴ类水体比例指行政区域内主要监测断面劣Ⅴ类水体比例。地下水劣Ⅴ类水体比例指行政区域内监测点网劣Ⅴ类水体比例。执行《地表水环境质量标准》（GB 3838-2002）和《地下水质量标准》

（GB/T 14848-2017）。

数据来源：生态环境部门。

（3）黑臭水体消除比例

指标解释：指行政区域内黑臭水体消除数量占黑臭水体总量的比例。要求黑臭水体消除比例明显提高。

$$黑臭水体消除比例 = \frac{黑臭水体消除数量（个）}{行政区域内黑臭水体总量（个）} \times 100\%$$

数据来源：生态环境部门。

9. 近岸海域水质优良（一、二类）比例

适用范围：地级行政区。

指标解释：指行政区域内近岸海域主要监测断面水质达到或优于二类的比例。执行《海水水质标准》（GB 3097-1997）。

注：地级行政区完成国家、省级生态环境部门规定的考核任务，县级行政区完成省、市级生态环境部门的考核任务。考核任务是否完成，依据国家、省、市生态环境主管部门发布的年度考核结果判定。要求水质已达到《海水水质标准》（GB 3097-1997）的地区保持稳定，其他地区持续改善。

数据来源：海洋、生态环境等部门。

10. 生态环境状况指数

适用范围：地级行政区、县级行政区。

指标解释：生态环境状况指数（EI）是表征行政区域内生态环境质量状况的生物丰度指数、植被覆盖指数、水网密度指数、土地胁迫指数、污染负荷指数和环境限制指数的综合反映。执行《生态环境状况评价技术规范》（HJ 192-2015）。要求生态环境状况指数不降低。

生态环境状况指数 = 0.35×生物丰度指数 + 0.25×植被覆盖指数 + 0.15×水网

密度指数 + 0.15×（100-土地胁迫指数）+ 0.10×（100-

污染负荷指数)+环境限制指数

注：干旱半干旱区指年降水量在200~400毫米之间的地区。原则上按区域主要气候类型对应的目标值考核。

数据来源：生态环境部门。

11. 林草覆盖率

适用范围：地级行政区、县级行政区。

指标解释：指行政区域内森林、草地面积之和占土地总面积的百分比。森林面积包括郁闭度0.2以上的乔木林地面积和竹林地面积、国家特别规定的灌木林地面积、农田林网以及村旁、路旁、水旁、宅旁林木的覆盖面积。草地面积指生长草本植物为主的土地，执行《土地利用现状分类》（GB/T 21010-2017）。

$$林草覆盖率=\frac{森林面积（平方公里）+草地面积（平方公里）}{行政区域土地总面积（平方公里）}\times100\%$$

注：若行政区域水域面积占土地总面积的5%以上，指标核算时的土地总面积应为扣除水域面积后的面积。原则上按区域主要地貌类型对应的目标值考核，当行政区域内平原、丘陵、山区面积占比相差不超过20%时，按照平原、丘陵、山地加权目标值进行考核。

数据来源：统计、林草、自然资源、农业农村等部门。

12. 生物多样性保护

适用范围：地级行政区、县级行政区。

（1）国家重点保护野生动植物保护率

指标解释：指行政区域内，通过建设自然保护区、划入生态保护红线等保护措施，受保护的国家一、二级野生动、植物物种数占本地应保护的国家一、二级野生动、植物物种数比例。国家一、二级野生动、植物参照《国家重点保护野生动物名录》和《国家重点保护野生植物名录》。

数据来源：林草、自然资源、水利、农业农村、园林、生态环境等部门。

（2）外来物种入侵

指标解释：指在当地生存繁殖，对当地生态或者经济构成破坏的外来物种的入侵情况。外来物种种类参照《国家重点管理外来物种名录（第一批）》（农业部公告第 1897 号）、《关于发布中国第一批外来入侵物种名单的通知》（环发〔2003〕11 号）、《关于发布中国第二批外来入侵物种名单的通知》（环发〔2010〕4 号）、《关于发布中国外来入侵物种名单（第三批）的公告》（环境保护部 2014 年第 57 号）。创建地区要实地调查确定外来物种入侵情况，并制定外来物种入侵预警方案。要求没有外来物种入侵，或者存在外来物种入侵，但入侵范围较小、对行政区域生态环境没有产生实质性危害、对国民经济没有造成实质性影响，且已开展相关防治工作，有完备的计划和方案。

数据来源：林草、自然资源、水利、农业农村、园林、生态环境等部门。

（3）特有性或指示性水生物种保持率

指标解释：指创建地区河流中特有性、指示性物种以及珍稀濒危水生物种的保护状况，以历史水平数据为基准，进行对比分析。要求特有性或指示性水生物种种类和数量不降低。根据水生物种调查或问卷统计获得。

数据来源：调查问卷、相关专家咨询、农业农村部门。

13. 海岸生态修复

适用范围：地级行政区、县级行政区。

（1）自然岸线修复长度

指标解释：指沿海地区行政区域内，通过实施海岸线整治修复工

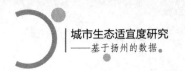

程,将人工岸线恢复为自然岸线,或具有自然海岸形态特征和生态功能的岸线的长度。自然岸线认定参照《海岸线保护与利用管理办法》(国海发〔2017〕2号)和《海岸线调查统计技术规程(试行)》(国海发〔2017〕5号)。

数据来源:海洋、自然资源等部门。

(2)滨海湿地修复面积

指标解释:指沿海地区行政区域内,通过强化滨海湿地和重要物种栖息地的保护管理,逐步修复已经破坏的滨海湿地面积。修复方式包括建立海洋自然保护区、海洋特别保护区和湿地公园,退围还海、退养还滩、退耕还湿等方式。滨海湿地包含沿海滩涂、河口水域、浅海、红树林、珊瑚礁等区域。

数据来源:海洋、自然资源等部门。

14. 危险废物利用处置率

适用范围:地级行政区、县级行政区。

指标解释:指行政区域内危险废物实际利用量与处置量占应利用处置量的比例。危险废物指列入《国家危险废物名录》(环境保护部令第39号)或者根据国家规定的危险废物鉴别标准和鉴别方法认定具有危险特性的固体废物。

$$\frac{危险废物}{利用处置率} = \frac{危险废物利用量(吨)+处置量(吨)}{危险废物产生量(吨)+利用往年贮存量(吨)+处置往年贮存量(吨)} \times 100\%$$

数据来源:生态环境、住房城乡建设、卫生健康、工业和信息化、应急等部门。

15. 建设用地土壤污染风险管控和修复名录制度

适用范围:地级行政区、县级行政区。

指标解释:指创建地区人民政府根据《中华人民共和国土壤污染

防治法》建立建设用地土壤污染风险管控和修复名录制度，强化自然
资源、住房城乡建设、生态环境等部门联合监管，对存在不可接受风险
的建设用地地块，未完成风险管控或修复措施的，严格准入管理。没有
发生因建设用地再开发利用不当，造成社会不良影响的"毒地"事件。

数据来源：自然资源、住房城乡建设、生态环境等部门。

16. 突发生态环境事件应急管理机制

适用范围：地级行政区、县级行政区。

指标解释：指行政区域内各级生态环境主管部门和企业事业单位组
织开展的突发生态环境事件风险控制、应急准备、应急处置、事后恢复
等工作。建立突发生态环境事件应急管理机制，以预防和减少突发生态
环境事件的发生，控制、减轻和消除突发生态环境事件引起的危害，规
范突发生态环境事件应急管理工作。

数据来源：生态环境、应急等部门。

17. 自然生态空间

适用范围：地级行政区、县级行政区。

（1）生态保护红线

指标解释：指在生态空间范围内具有特殊重要生态功能、必须强制
性严格保护的区域，是保障和维护国家生态安全的底线和生命线，通常
包括具有重要水源涵养、生物多样性维护、水土保持、防风固沙、海岸
生态稳定等功能的生态功能重要区域，以及水土流失、土地沙化、石漠
化、盐渍化等生态环境敏感脆弱区域。要求建立生态保护红线制度，确
保生态保护红线面积不减少，性质不改变，主导生态功能不降低。主导
生态功能评价暂时参照《关于印发〈生态保护红线划定指南〉的通知》
（环办生态〔2017〕48 号）和《关于开展生态保护红线评估工作的函》
（自然资办函〔2019〕125 号）。

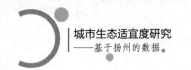

数据来源：自然资源、生态环境等部门。

（2）自然保护地

指标解释：指由政府依法划定或确认，对重要的自然生态系统、自然遗迹、自然景观及其所承载的自然资源、生态功能和文化价值实施长期保护的陆域或海域，包括国家公园、自然保护区以及森林公园、地质公园、海洋公园、湿地公园等各类自然公园。

数据来源：统计、林草、自然资源、生态环境等部门。

18. 自然岸线保有率

适用范围：地级行政区、县级行政区。

指标解释：指沿海地区行政区域内限制开发、优化利用岸段中计划予以保留和开发建设后，剩余的自然岸线长度以及列入严格保护的自然岸线长度，占省级人民政府批准的大陆海洋岸线总长度的比例。自然岸线指由海陆相互作用形成的海洋岸线，包括砂质岸线、淤泥质岸线、基岩岸线、生物岸线等原生岸线，以及修复后具有自然海岸形态特征和生态功能的海洋岸线。海洋岸线保护和利用管理参照《海岸线保护与利用管理办法》（国海发〔2017〕2号）执行。

自然岸线保有率=（列入严格保护的自然岸线长度+限制开发、优化利用岸段中计划予以保留和开发建设后剩余的自然岸线长度）/省级人民政府批准的大陆海洋岸线总长度×100%

数据来源：海洋、自然资源等部门。

19. 河湖岸线保护率

适用范围：地级行政区、县级行政区。

指标解释：指行政区域内划入岸线保护区、岸线保留区的岸段长度占河湖岸线总长度的比例。河湖岸线指河流两侧、湖泊周边一定范围内水陆相交的带状区域。岸线保护区、岸线保留区、岸线控制利用区及岸线开发利用区划定参照水利部《河湖岸线保护与利用规划编制指南（试行）》（办河湖函〔2019〕394号）。

$$河湖岸线保护率=\frac{列入岸线保护区、岸线保留区的岸段长度（公里）}{河湖岸线总长度（公里）}×100\%$$

数据来源：水利、自然资源等部门。

20. 单位地区生产总值能耗

适用范围：地级行政区、县级行政区。

指标解释：指行政区域内单位地区生产总值的能源消耗量，是反映能源消费水平和节能降耗状况的主要指标。根据各地考核要求不同，可分别采用单位地区生产总值能耗或单位地区生产总值能耗降低率。要求单位地区生产总值能耗或单位地区生产总值能耗降低率完成上级规定的目标任务，保持稳定或持续改善。

$$单位地区生产总值能耗=\frac{能源消耗总量（吨标准煤）}{地区生产总值（万元）}$$

数据来源：统计、工业和信息化、发展改革等部门。

21. 单位地区生产总值用水量

适用范围：地级行政区、县级行政区。

指标解释：指行政区域内单位地区生产总值所使用的水资源量，是反映水资源消费水平和节水降耗状况的主要指标。根据各地考核要求不同，可分别采用单位地区生产总值用水量或单位地区生产总值用水量降低率。要求单位地区生产总值用水量或单位地区生产总值用水量降低率完成上级规定的目标任务，保持稳定或持续改善。

$$单位地区生产总值用水量=\frac{用水总量（立方米）}{地区生产总值（万元）}$$

数据来源：统计、水利、工业和信息化等部门。

22. 单位国内生产总值建设用地使用面积下降率

适用范围：地级行政区、县级行政区。

指标解释：指本年度单位国内生产总值建设用地使用面积与上年相比下降幅度。单位国内生产总值建设用地使用面积指单位国内生产总值所占用的建设用地面积，是反映经济发展水平和土地节约集约利用水平的重要指标。

$$单位国内生产总值建设用地使用面积 = \frac{建设用地使用面积（亩）}{地区生产总值（万元）}$$

$$\genfrac{}{}{0pt}{}{单位国内生产总值建设}{用地使用面积下降率} = \left(1 - \frac{\genfrac{}{}{0pt}{}{本年度单位生产总值}{建设用地使用面积}}{\genfrac{}{}{0pt}{}{上年单位生产总值}{建设用地使用面积}}\right) \times 100\%$$

数据来源：统计、自然资源等部门。

23. 碳排放强度

适用范围：地级行政区。

指标解释：指行政区域内单位地区生产总值的增长所带来的二氧化碳排放量，用来衡量经济增长同碳排放量增长之间的关系。

$$碳排放强度 = \frac{二氧化碳排放总量（吨）}{单位地区生产总值（万元）}$$

数据来源：统计、生态环境等部门。

24. 应当实施强制性清洁生产企业通过审核的比例

适用范围：地级行政区。

指标解释：指行政区域内通过清洁生产审核的企业数量占应当实施强制性清洁生产的企业总数的比例。要求创建地区制定强制清洁生产审核年度计划，并完成年度审核计划。《中华人民共和国清洁生产促进法》规定，污染物排放超过国家或者地方规定的排放标准，或者虽未超过国家或者地方规定的排放标准，但超过重点污染物排放总量控制指标的企业，应当实施强制性清洁生产审核；超过单位产品能源消耗限额标准构成高耗能的企业，应当实施强制性清洁生产审核；使用有毒、有害原料进行生产或者在生产中排放有毒、有害物质的企业，应当实施强制性清洁生产审核。

$$应当实施强制清洁生产企业通过审核的比例 = \frac{通过清洁生产审核的企业数量（个）}{应当实施强制性清洁生产的企业数量（个）} \times 100\%$$

数据来源：工业和信息化、生态环境、统计等部门。

25. 农业废弃物综合利用率

适用范围：县级行政区。

（1）秸秆综合利用率

指标解释：指行政区域内综合利用的秸秆量占秸秆产生总量的比例。秸秆综合利用的方式包括秸秆气化、饲料化、能源化、秸秆还田、编织等。

$$秸秆综合利用率 = \frac{综合利用的秸秆量（吨）}{秸秆产生总量（吨）} \times 100\%$$

数据来源：农业农村、统计、生态环境等部门。

（2）畜禽粪污综合利用率

指标解释：指行政区域内规模化畜禽养殖场通过还田、沼气、堆肥、培养料等方式综合利用的畜禽粪污量占畜禽粪污产生总量的比例。有关标准按照《畜禽规模养殖污染防治条例》（国务院令第 643 号）、《畜禽养殖业污染物排放标准》（GB 18596-2001）和《畜禽粪便无害化处理技术规范》（GB/T 36195-2018）执行。

$$畜禽粪污综合利用率 = \frac{综合利用的畜禽粪污量（吨）}{畜禽粪污产生总量（吨）} \times 100\%$$

数据来源：农业农村、生态环境等部门。

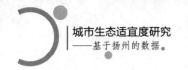

（3）农膜回收利用率

指标解释：主要指用于粮食、蔬菜育秧（苗）和蔬菜、食用菌、水果等大棚设施栽培的 0.01 毫米以上的加厚农膜的回收利用率。各地区参照原农业部《关于印发〈农膜回收行动方案〉的通知》（农科教发〔2017〕8 号），采取人工捡拾回收、地膜机械化捡拾回收、全生物可降解地膜等技术措施，采用以旧换新、经营主体上交、专业化组织回收、加工企业回收等多种回收利用方式。

数据来源：农业农村、统计、生态环境等部门。

26. 一般工业固体废物综合利用率

适用范围：地级行政区、县级行政区。

指标解释：指行政区域内一般工业固体废物综合利用量占一般工业固体废物产生量（包括综合利用往年贮存量）的百分率。固体废物综合利用量指企业通过回收、加工、循环、交换等方式，从固体废物中提取或者将其转化为可以利用的资源、能源和其他原材料的固体废物量（包括综合利用往年贮存量）。有关标准参照《一般工业固体废弃物贮存、处置场污染控制标准》（GB 18599-2001）执行。

$$\text{一般工业固体废物综合利用率} = \frac{\text{一般工业固体废物综合利用量（吨）}}{\text{一般工业固体废物产生量（吨）} + \text{综合利用往年贮存量（吨）}} \times 100\%$$

数据来源：生态环境、住房城乡建设、卫生健康、工业和信息化等部门。

27. 集中式饮用水水源地水质优良比例

适用范围：地级行政区、县级行政区。

指标解释：指行政区域内集中式饮用水水源地，其地表水水质达到或优于《地表水环境质量标准》（GB 3838-2002）Ⅲ类标准、地下水水质达到或优于《地下水质量标准》（GB/T 14848-2017）Ⅲ类标准的水源地个数占水源地总个数的百分比。

$$集中式饮用水水源地水质优良比例 = \frac{集中式饮用水水源地水质达到或优于Ⅲ类的水源地个数}{集中式饮用水水源地总个数} \times 100\%$$

注：可提供详实的监测分析报告和有关基础数据，并由省级生态环境部门提供证明或意见，以剔除外来输入影响。

数据来源：生态环境、水利等部门。

28. 村镇饮用水卫生合格率

适用范围：县级行政区。

指标解释：指行政区域内以自来水厂或手压井形式取得合格饮用水的农村人口占农村常住人口的比例，雨水收集系统和其他饮水形式合格与否需经检测确定。饮用水水质符合国家《生活饮用水卫生标准》（GB 5749-2006）的规定，且连续三年未发生饮用水污染事故。要求创建地区开展"千吨万人"（供水人口在10000人或日供水1000吨以上的饮用水水源保护区）饮用水水源调查评估和保护区划定工作，参照《饮用水水源保护区标志技术要求》（HJ/T 433-2008）、《关于〈集中式饮用水水源环境保护指南（试行）〉的通知》（环办〔2012〕50号）、《关于印发农业农村污染治理攻坚战行动计划的通知》（环土壤〔2018〕143号）执行。

$$村镇饮用水卫生合格率 = \frac{取得合格饮用水的农村人口数（人）}{农村常住人口数（人）} \times 100\%$$

数据来源：卫生健康、住房城乡建设、水利、生态环境等部门。

29. 城镇污水处理率

适用范围：地级行政区、县级行政区。

指标解释：指城镇建成区内经过污水处理厂或其他污水处理设施处理，且达到排放标准的排水量占污水排放总量的百分比。要求污水处理

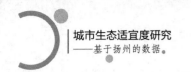

厂污泥得到安全处置，污泥处置参照《城镇排水与污水处理条例》（国务院令第 641 号）执行。

$$城镇污水处理率=\frac{污水厂达标排放量（吨）+其他污水处理设施达标排放量（吨）}{城镇污水排放总量（吨）}\times100\%$$

数据来源：住房城乡建设、水利、生态环境等部门。

30. 城镇生活垃圾无害化处理率

适用范围：地级行政区、县级行政区。

指标解释：指城镇建成区内生活垃圾无害化处理量占垃圾产生量的比值。在统计上，由于生活垃圾产生量不易取得，可用清运量代替。有关标准参照《生活垃圾焚烧污染控制标准》（GB 18485-2014）和《生活垃圾填埋污染控制标准》（GB 16889-2008）执行。依据《关于印发〈"十三五"全国城镇生活垃圾无害化处理设施建设规划〉的通知》（发改环资〔2016〕2851 号）要求，特殊困难地区可适当放宽。

$$城镇生活垃圾无害化处理率=\frac{生活垃圾无害化处理量（吨）}{城镇生活垃圾产生量（吨）}\times100\%$$

数据来源：统计、住房城乡建设、生态环境、卫生健康等部门。

31. 城镇人均公园绿地面积

适用范围：地级行政区。

指标解释：指城镇建成区内城镇公园绿地面积的人均占有量。公园绿地指向公众开放，具有游憩、生态、景观、文教和应急避险等功能，有一定游憩和服务设施的绿地。公园绿地的统计方式应以现行的《城市绿地分类标准》（CJJ/T 85-2017）为主要依据。对经济社会发展水平较低、自然生态空间占比很高，并且建设用地很少的地区可适当放宽。

$$城镇人均公园绿地面积=\frac{公园绿地面积（平方米）}{建成区内城区人口数量（人）}\times100\%$$

数据来源：统计、住房城乡建设等部门。

32. 农村无害化卫生厕所普及率

适用范围：县级行政区。

指标解释：指使用无害化卫生厕所的农户数占同期行政区域内农户总数的比例。无害化卫生厕所指按规范建设，具备有效降低粪便中生物性致病因子传染性设施的卫生厕所，参照《关于进一步推进农村户厕建设的通知》（全爱卫办发〔2018〕4号）执行。包括三格化粪池厕所、双瓮漏斗式厕所、三联通式沼气池厕所、粪尿分集式厕所、双坑交替式厕所和具有完整上下水道系统及污水处理设施的水冲式厕所等。

$$农村无害化卫生厕所普及率＝\frac{使用无害化卫生厕所的农户数（户）}{同期行政区域内农户总数（户）}×100\%$$

数据来源：农业农村、卫生健康、住房城乡建设等部门。

33. 城镇新建绿色建筑比例

适用范围：地级行政区、县级行政区。

指标解释：指城镇建成区内达到《绿色建筑评价标准》（GB/T 50378-2019）的新建绿色建筑面积占新建建筑总面积的比例。绿色建筑指在全寿命期内，节约资源、保护环境、减少污染，为人们提供健康、适用、高效的适用空间，最大限度地实现人与自然和谐共生的高质量建筑。

$$城镇新建绿色建筑比例＝\frac{新建绿色建筑面积（万平方米）}{城镇新建建筑面积（万平方米）}×100\%$$

数据来源：住房城乡建设、统计等部门。

34. 公共交通出行分担率

适用范围：地级行政区。

指标解释：指行政区域内使用公共交通（包括常规公交和轨道交

通）出行的人次占城市出行总人次（不含步行、自行车等）的百分比。城市规模标准参照《关于调整城市规模划分标准的通知》（国发〔2014〕51号）执行。

$$公共交通出行分担率 = \frac{公共交通出行人次}{城市出行总人次（不含步行、自行车等）} \times 100\%$$

数据来源：交通运输、住房城乡建设等部门。

35. 生活废弃物综合利用

适用范围：地级行政区、县级行政区。

（1）城镇生活垃圾分类减量化行动

指标解释：指按一定规定或标准将垃圾分类投放、分类收集、分类运输和分类处理，提高回收利用率，实现垃圾减量化、无害化以及资源化。依据《关于加快推进部分重点城市生活垃圾分类工作的通知》（建城〔2017〕253号），垃圾分类要做到"三个全覆盖"，即生活垃圾分类管理主体责任全覆盖，生活垃圾分类类别全覆盖，生活垃圾分类投放、收集、运输、处理系统全覆盖。

数据来源：住房城乡建设、生态环境、统计等部门。

（2）农村生活垃圾集中收集储运

指标解释：指行政区域内开展农村生活垃圾分类试点，建立"村收集、乡储运、县处理"的垃圾集中收集储运网络，建立完善的监管制度。

数据来源：住房城乡建设、生态环境、农业农村等部门。

36. 绿色产品市场占有率

适用范围：地级行政区。

（1）节能家电市场占有率

指标解释：指能效标识二级以上节能空调、冰箱、热水器等节能家电市场占有情况。参照《高效节能家电产品销售统计调查制度》（发展改革委公告 2019 年第 2 号）进行调查统计。

数据来源：统计、发展改革、市场监管等部门。

（2）在售用水器具中节水型器具占比

指标解释：指通过市场抽检，在售用水器具中节水型器具占比。节水型器具评判标准参照国家行业标准《节水型生活用水器具》（CJ/T 164-2014）。该指标值以相关部门或独立调查机构抽样调查所获取指标值的平均值为考核依据。

数据来源：统计、发展改革、水利、市场监管等部门。

（3）一次性消费品人均使用量

指标解释：指统计期内，公众一次性消费品人均使用量。该指标值以统计部门或独立调查机构通过抽样问卷调查所获取指标值的平均值为考核依据。问卷调查人员应涵盖不同年龄、不同学历、不同职业等情况，充分体现代表性。调查问卷应涉及：机关、企事业单位一次性办公用品使用情况；超市、商场、集贸市场等商品零售场所塑料购物袋使用情况；酒店、宾馆、民宿一次性客房用品使用情况；餐饮行业一次性餐具使用情况等内容。

注：依据国家统计局的抽样调查方案，抽样调查在 95% 的置信度、方差为 0.4、抽样误差控制在 3% 以内的情况下，小城市、中等城市、大城市、特大城市、超大城市的抽样样本量分别为 600 人、1000 人、1500 人、2000 人、2500 人。城市规模划分标准参照《关于调整城市规模划分标准的通知》（国发〔2014〕51 号）执行。

数据来源：统计部门或独立调查机构。

37. 政府绿色采购比例

适用范围：地级行政区、县级行政区。

指标解释：指行政区域内政府采购有利于绿色、循环和低碳发展的

产品规模占同类产品政府采购规模的比例。采购要求按照《关于调整优化节能产品、环境标志产品政府采购执行机制的通知》（财库〔2019〕9号）执行。

$$政府绿色采购比例 = \frac{政府绿色采购规模（万元）}{同类产品政府采购规模（万元）} \times 100\%$$

数据来源：统计、财政等部门。

38. 党政领导干部参加生态文明培训的人数比例

适用范围：地级行政区、县级行政区。

指标解释：指行政区域内副科级以上在职党政领导干部参加组织部门认可的生态文明专题培训、辅导报告、网络培训等的人数占副科级以上党政领导干部总人数的比例。

$$党政领导干部参加生态 \atop 文明培训的人数比例 = \frac{副科级以上干部参加\atop 生态文明培训的人数}{副科级以上党政领导干部总人数} \times 100\%$$

数据来源：组织部门。

39. 公众对生态文明建设的满意度

适用范围：地级行政区、县级行政区。

指标解释：指公众对生态文明建设的满意程度。该指标值以统计部门或独立调查机构通过抽样问卷调查所获取指标值的平均值为考核依据。问卷调查人员应涵盖不同年龄、不同学历、不同职业等情况，充分体现代表性。生态文明建设的抽样问卷调查应涉及生态环境质量、生态人居、生态经济发展、生态文明教育、生态文明制度建设等相关领域。

注：抽样样本量参照"一次性消费品人均使用量"。

数据来源：统计部门或独立调查机构。

40. 公众对生态文明建设的参与度

适用范围：地级行政区、县级行政区。

指标解释：指公众对生态文明建设的参与程度。该指标值通过统计部门或独立调查机构以抽样问卷调查等方式获取，调查公众对生态环境建设、生态创建活动以及绿色生活、绿色消费等生态文明建设活动的参与程度。

注：抽样样本量参照"一次性消费品人均使用量"。

数据来源：统计部门或独立调查机构。